U0141678

全彩圖解
揭開137億年的巨大謎團！

一看就懂！
宇宙的奧秘

第4章　思考宇宙及生命 …………… 109
——我們是孤單的嗎？——

第5章　挑戰宇宙之謎 …………… 129
——最先進宇宙科學及宇宙論——

附錄 宇宙詳情資料集………………… 161

前言

自大霹靂（Big Bang）宇宙論發表以來，約已過了半個世紀。近年來人類對宇宙的解讀有驚人的成就，尤其是1990年代末期到21世紀初期這段時間昴星團望遠鏡[1]等的出現，使得觀測技術大幅躍進。現在我們可透過哈柏太空望遠鏡[2]、COBE[3]及WMAP[4]衛星等從衛星軌道上進行劃時代的觀測，逐漸接近宇宙誕生之謎。

而在此同時， 星星也正從大都市的天空逐漸消失。愈來愈多孩子不曾見過銀河，甚至不曉得那些用肉眼就能夠看見，接觸星空的機會正在急速銳減。

在這樣的背景下，2009年發起了「全球天文年」活動，紀念400年前伽利略將望遠鏡朝向星空；而同一年正好日本能夠看見日全食等景象，也多了些關心天文學的機會。透過本書的編寫，我希望各位能夠接觸到宇宙的廣大及神祕，進而了解天文學和科學的發展。

本書的用意在於希望各位體會宇宙超乎想像的時間、空間廣度，以及超越微觀（Micro）或宏觀（Macro）領域的深度。我盡量使用簡單的語彙，以淺顯易懂為優先，並使用豐富的照片及插圖進行解說。第1章談宇宙空間的廣度，第2章講時間的廣度，內容強調實際感受上的共鳴，與一般解說書不同。另外在最後一章將會介紹一部分目前正在進行的先進研究，讓各位體驗一下氣氛，期待您們能夠因為接觸到宇宙及相關研究的魅力，而走入更專業的天文研究和宇宙論領域。

各位讀者如果能夠因為本書，對宇宙和天文學多了一些好奇心，並感受到科學的浪漫之處，將是筆者最大的喜悅。

高柳雄一

※ 1.昴星團望遠鏡（Subaru Telescope）：日本國家天文台1991年在美國夏威夷建造的8.2米口徑光學望遠鏡，以著名的疏散星團「昴星團」命名。
※ 2.哈柏太空望遠鏡（Hubble Space Telescope，縮寫為HST）：以天文學家愛德溫‧哈柏（Edwin Powell Hubble）為名，位在地球軌道上。1990年發射之後，已經成為天文史上最重要的儀器，成功彌補了地面觀測的不足。
※ 3.COBE：宇宙背景探測者（Cosmic Background Explorer），也稱為探險家66號（Explorer 66），是建造來探索宇宙論的第一顆衛星，目的是調查宇宙間的宇宙微波背景輻射（CMB），其測量和提供的結果將可以協助我們了解宇宙的形狀。
※ 4.威爾金森微波各向異性探測器（Wilkinson Microwave Anisotropy Probe，簡稱WMAP）是美國國家航空暨太空總署（NASA）的人造衛星，目的是探測宇宙大霹靂後殘留的輻射熱（也就是宇宙微波背景輻射）。2001年發射升空。

宇宙「現在」的模樣

──從地球到宇宙的盡頭──

自太古時代開始，我們人類一直凝視著夜空中閃耀的星星。終於增加了天體相關的知識，了解星星零星散布於廣大空間裡後，我們開始好奇那個廣大空間如何誕生。這就是宇宙論的開始。首先我們一起來看看宇宙目前的「寬度」吧。

何謂宇宙？
宇宙的範圍到哪裡？

所謂宇宙，就是我們所在的這世界中所有物質、空間，包括時間的「總和」。讓我們想像一下廣大的宇宙吧。

宇宙非真空也非無重力

何謂宇宙？一般我們稱地球以外的地方就是宇宙。地球表面直到約100公里高的地方充滿大氣，這個大氣圈外側的部分就稱作「宇宙」。

說起宇宙的印象，經常被提到的就是真空及無重力，事實上這並不正確。超過地表100公里高的地方確實幾乎沒有大氣，但是宇宙空間中仍有少數物質存在，因此稱不上完全真空。

另外，宇宙空間為無重力狀態的說法也不正確。無論在宇宙空間的任何地方，都會受到周圍星球的重力影響，唯有當我們受到那股重力的牽引而「墜落」時，才像是無重力狀態，因此正確的說法應該是「無重量狀態」才對。

物質・空間・時間這一切就是宇宙

那麼，真正的宇宙該如何定義呢？從科學的角度來看，指的是這世界存在的一切物質、空間、時間「總和」。意思就是說，所謂宇宙，包括我們、我們生存的地球本身，以及時間全部。

試著以想像力眺望宇宙。首先站在房間正中央，看著自己的腳下，大致看看直徑5公尺左右的範圍。你現在正看著最靠近自己的宇宙。

接下來擴大想像力，一起由20公尺高的地方往下看，應該能夠看到直徑50公尺左右的宇宙。接著當俯瞰的高度距離地面數百公里時，可看出地球是圓的，真切地感受到這就是「宇宙」。

宇宙小知識 距離地表愈遠，地球的大氣會愈來愈稀薄，因此大氣圈的範圍，一般來說約是到距離地面100公里高的地方為止。

●眺望宇宙

從高度數百公里處可看見距離地球最近的天體「月球」。一般稱超過地面100公里高、幾乎沒有大氣的地方為「宇宙」。而超過30公里高的地方，散射藍光的大氣幾近稀薄，因此四周一片黑暗。

●什麼是宇宙？

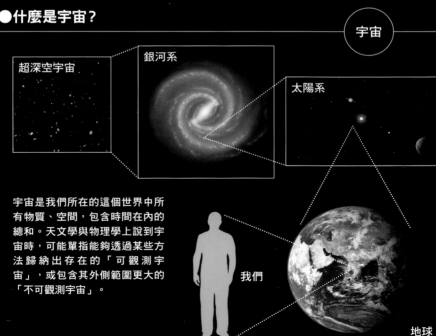

宇宙

超深空宇宙

銀河系

太陽系

宇宙是我們所在的這個世界中所有物質、空間，包含時間在內的總和。天文學與物理學上說到宇宙時，可能單指能夠透過某些方法歸納出存在的「可觀測宇宙」，或包含其外側範圍更大的「不可觀測宇宙」。

我們

地球

距離地球最近的天體「月球」

圍繞太陽（恆星）四周的天體稱為行星，環繞行星轉動的天體稱為衛星。
我們來看看地球的衛星，也就是最靠近地球的天體月球。

比人造衛星遠上數倍的月球

　　我們想像宇宙時，感覺最靠近的天體就是月球。繼續運用之前的想像力觀測宇宙，將視線範圍擴展到100萬公里處之後，就能夠看見地球和月球（可參考右頁中的【宇宙MAP 1】）。

　　地球是繞行太陽的行星，而月球則是繞行地球的衛星。月球直徑約3474公里，大概是地球的四分之一，與地球的平均距離則約是38萬公里。地球與月球之間的宇宙空間中沒有大型的天體，不過距離地球表面300～1000公里左右的高度範圍內，有包括國際太空站（International Space Station, ISS）在內的無數人造衛星繞行。

　　另外，地表上空3萬6000公里的軌道上還有通訊及觀測用的地球同步衛星。可見距離地球最靠近的月球比起這些人造衛星，仍舊相當遙遠。

經常以同一面朝著地球

　　月球幾乎一直以同一面朝著地球。這是因為月球繞行地球一周時，月球本身也自轉了一周。月球的公轉周期與自轉周期相同，也是因為月球與地球引力作用的關係。

　　地球與月球受到彼此間引力的影響，這力量也拉扯著地球與月球本身。地球表面的水（海水）因為月球引力的影響而產生潮汐；月球的岩盤因為地球引力影響而變形，改變自轉的速度。受到這作用長期影響的結果，月球經常將最難變形的面固定朝著地球，以保持穩定。也因此近乎球形的月球是西洋梨的形狀。

宇宙小知識 宇宙空間中飄盪著無數星塵（岩石和冰塊的碎片），這些星塵一旦飛入地球大氣圈，就會與大氣激烈衝撞迸出光亮，這就是流星。

●【宇宙MAP 1】100萬公里範圍看見的宇宙

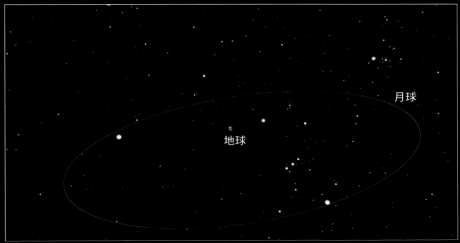

月球

地球

天體在宇宙空間裡繞行時，軌道無法完全成圓形，一定是橢圓。因此地球和月球之間的距離約在36萬2000公里到40萬5000公里之間變動。在引力影響下，月球正以每年平均3.8公分的比例遠離地球。

●從地球看見的月球表面

我們所看見的月球因為與太陽的位置關係而產生圓缺，不過它仍繼續以同一面朝著地球。事實上因為月球的自轉軸一點一點晃動（稱為「天平動」，libration），因此從地表觀測到的月球表面約占全體的59%左右。

●地球與月球的比較

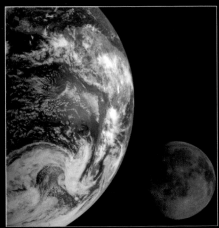

	地球	月球
赤道半徑	6378公里	1737公里
質量	5.976 ×10^{24}公斤	7.349 ×10^{22}公斤
自轉周期	約1天	約27.3天
公轉周期	約365天	約27.3天

月世界的樣貌

人類自古就熟悉的月球是個表面有無數撞擊坑的荒涼地方。那裡是與地球大不相同的死寂世界。

細沙沉積的坑洞地形

在月球表面可看到無數被稱作「坑洞（Crater）」的撞擊坑地形。這些「坑洞」是由遠古時代起降落的隕石撞擊而成，大多數被認為產生於月球誕生後的6億年之間。

撞擊坑密集的地區就是「山地」，從地球看來呈現白色。另一方面，反射率低的黑色區域則是平原，也稱作「海」。月球表面最高點與最低點約有20公里的高度差，而幾乎所有地方都覆蓋著稱作「表岩屑」（Regolith）的細沙沉積物，厚度從數公分到數十公尺不等。

月球的大氣約是地球的10^{-17}左右，極為稀薄，幾乎可說是真空狀態。因此沒有和地球一樣的地表水，不過NASA在2009年確認了月球上的水是以冰的狀態存在於極地區。

不存在生命的嚴峻世界

太陽照射的白天時間，月球表面的溫度可達100℃以上，太陽照不到的夜晚則變成－150℃，加上太陽的有害光線及帶電粒子等侵襲，因此月球成了沒有生物存在的死寂世界。

過去不只是月球表面，連月球本身也被認為是死的，意思就是「沒有活動的天體」。事實上，在月球上相當於地球火山運動的地下運動，約在25億年前就已經結束，也找不到目前仍在活動的證據。不過1969年阿波羅11號登陸月球後，根據設置在月球表面的地震儀可知，月球也頻頻發生地震（月震）。其原因一般認為是地球引力等影響，不過目前尚未得到解答。

●月面地圖

月球表面看來漆黑的平原部分稱為海，白色部分則是撞擊坑密集的山地。月球上的海覆蓋一層黑色玄武岩質的岩石，應該是遭大型隕石撞擊後噴出的月球地下物質。月球的海洋集中在月表的正面（面對地球方向），背面幾乎沒有。

柏拉圖坑
(Plato)

雨海
(Mare Imbrium)

澄海
(Mare Serenitatis)

危海
(Mare Crisium)

風暴洋
(Oceanus Procellarum)

寧靜海
(Mare Tranquillitatis)

哥白尼坑
(Copernicus)

豐海
(Mare Fecunditatis)

雲海
(Mare Nubrium)

第谷坑
(Tycho)

正面

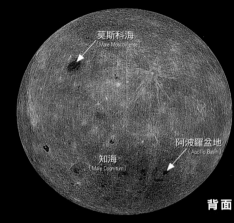

莫斯科海
(Mare Moscoviense)

阿波羅盆地
(Apollo Basin)

知海
(Mare Cognitum)

背面

阿波羅17號的太空人拍攝到的月表全景照。
月表最高點和最低點相差約20公里。

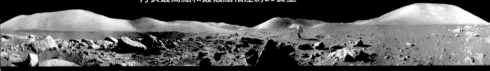

●堆積在月面的表岩屑

月球表面幾乎所有地方都覆蓋著數十公分厚的細沙，稱作「表岩屑」。照片是人類史上第一次抵達月球的阿波羅11號太空人伯茲‧艾德林（Buzz Aldrin）的腳印。

●月球仍活著

根據設置在月球表面的地震儀可知月球頻頻發生地震其中有些震源位在約300～400公里深處，也曾記錄到約芮氏地震規模3～4的地震。

行星撞擊產生月球？

直徑有地球4分之1的月球，是繞行行星的衛星之中異常偏大的天體。
我們一起思考與其他衛星大不相同的月球是如何形成。

月球與其他衛星不同嗎？

太陽系目前為止已找到超過100顆以上的衛星，而其中排名第5大的衛星就是月球。但其他的大型衛星都位在木星或土星等遠大於地球的行星四周。從行星與衛星的大小比例來思考的話，約地球直徑4分之1的月球算是非常大的衛星。因此從以前開始，關於月球的誕生就眾說紛紜。

恆星和行星等大型天體是由漂浮在宇宙空間裡的小型天體及岩塊等集結而成（這就是所謂同源說或雙胞胎說）。其中集結最多小天體的就是恆星，剩下的小天體則組成行星，其他小天體則結合為衛星。因此行星遠比恆星小，而衛星又遠比行星小。

其他行星曾經撞擊地球？

因此才有人認為月球的成因與其他行星衛星的形成方式不同，大致有以下幾種說法：

有一說認為月球是自轉速度比現在更快的原始地球甩出去的碎片（分裂說）。另外也有說月球誕生自與地球完全不同的場所，正要通過地球旁邊時，被地球引力拉住而成為月球（俘獲說）。

但無論哪種說法都存在著疑點。進入20世紀後，能夠解釋這些謎團的想法誕生，也就是「大碰撞說」（Giant Impact Hypothesis）。這個假說提到太陽系剛誕生時的原始地球，與小它約一半的原始行星發生撞擊，撞擊碎片就成了月球。這是目前最有力的假說。

宇宙小知識 過去曾是行星，2006年已被歸類為矮行星的冥王星，也有顆直徑約其二分之一大的巨型衛星凱倫（Charon）。凱倫和月球相同，可能均由行星撞擊而產生。

●衛星大小比較

衛星之中最大的甘尼米德（Ganymede，木衛三）與第三大的卡利斯多（Callisto，木衛四），是遠大於地球的木星的衛星。以行星和衛星的大小比例來看的話，月球比例偏大，因此被認為成因與一般衛星不同。而冥王星及其衛星凱倫也被認為成因與月球相同。

甘尼米德
（木衛三）

卡利斯多
（木衛四）

冥王星　凱倫　月球　地球　　　　　　木星

●月球內部構造

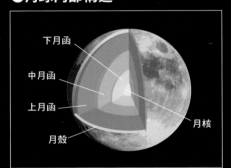

下月函

中月函

上月函

月殼

月核

這是根據阿波羅號設置的地震儀等推斷出的月球內部構造。調查岩石後發現它的化學成分與地球內部的岩石（地函物質）不同，因此對同源說與俘獲說產生質疑。

●大碰撞說

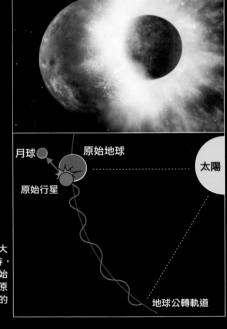

月球　　原始地球　　　　　　太陽

原始行星　　　　　　　　　　地球公轉軌道

月球成因之中最有力的說法就是「大碰撞說」。內容提到太陽系剛誕生時，約地球一半大小的原始行星撞上原始地球後，碎片變成了月球。上圖是原始地球遭一半大小的天體碰撞瞬間的假想圖。

太陽系的構造

地球與火星、木星等一起繞行太陽公轉。繞行恆星，但非恆星天體者稱為行星系（Planetary System）。太陽與它的行星系合稱為太陽系。

太陽與繞行太陽的天體們

將觀測範圍由直徑100萬公里擴展到1萬倍，到達100億公里後，我們就能夠看見太陽系的全貌。

太陽系是由中央那顆耀眼的恆星（太陽），以及在其四周繞行的無數天體構成，除了較大的8個行星與5個矮行星之外，還包括小行星和彗星等無數小型天體。

恆星指的是能夠自行透過核融合反應製造出能量發光的星球（可參考P82）。行星是恆星形成時剩下的氣體與塵埃（星際介質，Interstellar medium, ISM）凝結成塊，成為繞行恆星四周的物體。它們可分為三大類：岩石和金屬製成的地球型行星（或稱類地行星）（岩石行星，Terrestrial Planet）；氫氣、氦氣等氣體形成的木星型行星（或稱類木行星）（氣體巨星，Gas Giant）；由水、甲烷、氨結冰形成的天王星型行星（冰巨星，Ice Giant）。

擁有數百億公里的寬度

太陽系之中，距離太陽最近的行星是水星，軌道直徑約1億1700萬公里；距離太陽最遠的海王星軌道直徑為90億公里。不過海王星之外仍屬於太陽系的範圍。

舉例來說，冥王星等偏大型的天體與無數的小天體在海王星軌道外側成直徑約150億公里的甜甜圈狀分布，這稱作古柏帶（Edgeworth-Kuiper Belt, EKB）。再往外側是成球狀包圍太陽系的假想小天體群（歐特雲，Oort Cloud）（可參考P28）。

因此廣義的太陽系範圍，遠比直徑100億公里的觀測範圍更寬廣，廣達數百億公里。

宇宙小知識 用公里來表示太陽系的寬度單位未免太短，因此通常使用天文單位（AU）表示。1天文單位約是1億5000萬公里，等於地球與太陽之間的平均距離。

●【宇宙MAP 2】100億公里範圍看見的宇宙

太陽系以耀眼的太陽為中心，除了8顆行星和5顆矮行星之外，還有小行星、彗星等無數小型天體構成。
火星與木星的軌道之間有小行星帶；海王星軌道外側有無數小天體成甜甜圈狀分布的古柏帶。

●太陽系的天體

			恆星（太陽）	
繞行太陽的天體	行星	地球型行星	水星　金星　地球　火星	
		木星型行星	木星　土星	
		天王星型行星	天王星　海王星	
	矮行星	小行星帶的矮行星	小行星1（穀神星，Ceres）	
		冥王星型天體（Plutoid，或稱類冥天體）	冥王星　小行星136108（妊神星，Haumea）　小行星136199（閱神星，Eris）	
	太陽系小天體	海王星外天體（Trans-Neptunian object，常簡稱海外天體）（冥王星型天體除外）	小行星90377（賽德娜，Sedna）　小行星50000（創神星，Quaoar）	
		小行星		
		彗星		
		星際塵埃		
繞行太陽之外天體的天體	衛星		月球　埃歐（Io，木衛一）　歐羅巴（Europa，木衛二）	

※還有其他許多天體構成太陽系。比例尺依各星球而不同。

繞行在地球軌道內側的
「水星」和「金星」

太陽系之中，繞行在地球軌道內側的行星稱為「內行星」（Interior Planet）。因為距離太陽太近，很難以望遠鏡觀測，因此目前仍留下諸多謎團。

富含鐵的小小水星

距離太陽最近的行星就是水星，直徑約地球的5分之2，是太陽系最小的行星。因為距離太陽太近的關係，白天（日區）的表面溫度將近400℃，而它的大氣密度只有地球的1兆分之1，相當稀薄，因此夜晚（夜區）是低溫－170℃。

水星表面與月球一樣，覆蓋著大大大小的撞擊坑，還有直徑約水星4分之1的巨型卡洛里盆地（Caloris Basin）。這些都是遠古時代小行星轟擊的遺跡。

水星屬於地球型行星（岩石行星），地核充滿金屬（主要是鐵）。地核直徑3600公里，相當於整體的4分之3，十分巨大，不過也有說法認為水星的地殼和地函可能是與撞擊出卡洛里盆地的小行星衝撞時，被撞掉了。

熱風吹拂的金星

第二靠近太陽的金星也和水星一樣，隸屬為地球型行星。直徑大約1萬2000公里，質量約是地球的80％，大小上來說是最類似地球的行星。它的地表上包覆著以二氧化碳為主的濃厚大氣，因此一般望遠鏡無法觀測到金星地表。

根據探測器的觀測，金星的大氣在地表約90個大氣壓（atm）（地球的90倍），平均溫度達460℃，其大氣上層還有風速超過200公尺的強風吹過。

另外，關於金星的自轉方向與其他行星相反，以及接近地球的時間點與自轉周期一致，因此靠近時只能看到同一側等等，目前仍原因不明。

宇宙小知識 金星也被稱作「啟明」（清晨出現時）或「長庚」（傍晚出現時），因此從地球能夠清楚看見。原因之一是它厚厚的二氧化碳大氣充分反射太陽光的關係。

●水星

水星探測衛星信使號（MESSENGER，MErcury Surface, Space ENvironment, GEochemistry and Ranging的縮寫）在2008年拍攝到的水星。表面有無數的撞擊坑。

〈水星的構造〉

擁有巨大的地核，主要成份是鐵，在太陽系行星之中含鐵率最高。

地函
地殼
地核

〈卡洛里盆地〉

直徑達1550公里的巨大撞擊坑。將信使號拍攝到的影像加上顏色後，就能夠看出範圍。

●金星

金星探測器先驅者（Pioneer Venus Orbiter）使用紫外線攝影拍下的金星。因為濃厚二氧化碳大氣形成的溫室效應，其平均溫度相當高。

〈金星的地形圖〉

藍色表低地，紅色表高地。北邊大片紅色部分（伊師塔地，Ishtar Terra）有座高11公里的馬克斯威山脈（Maxwell Montes）。

〈金星的地表〉

著陸金星表面的蘇聯金星探測器（Venera）拍攝到的地表情況。大部分都覆蓋著熔岩。

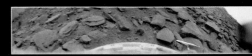

活動中的紅色行星「火星」

我們自很久以前開始就不斷在觀測繞行地球外側的火星。透過最新型探測器，我們更清楚它的真面目。

幻滅的火星人傳說

火星直徑約是地球的2分之1，質量約10分之1，屬於地球型行星。地表上是富含氧化鐵（紅鏽）的沉積物，因此當它通過夜空時，可清楚看見它的紅色光芒。

不同於濃厚雲層籠罩的金星，從地球上就能夠輕易觀察到它，再加上它的自轉周期幾乎與地球同樣是24小時，也有春夏秋冬的季節，諸多地方與地球環境類似，因此人類長期以來始終懷疑有火星人存在。

但是根據後來的觀測結果得知，火星地表的大氣與地球地表3萬公尺高的地方差不多稀薄，且氧氣含量少；另外夏天平均只有－60℃，相當寒冷，因此判斷火星上除了微生物之外，不可能有高等生物存在。

變化活躍的環境

即使火星大氣稀薄，仍然存在著各種氣象現象。透過近年發展出的無人探測器觀測，火星沈積岩中的礦物學證據可證明過去曾有一段時期存在過液體水，而由流水造成的地形等也可確認生命不可或缺的液體水曾經存在。再者，由沙塵暴與颱風等，也可證明火星並非和月球一樣是死寂的世界，它充滿活生生的變化。

另外，火星上有高2萬5000公尺、直徑700公里的奧林帕斯山（Olympus Mons）等巨型火山，以及全長4000公里、深度7公里的巨型水手號峽谷（Valles Marineris）等生動的地形。將來有一天人類造訪火星時，一定會被那雄偉的景象擾住視線吧。

宇宙小知識 火星有兩顆小型衛星，分別是直徑27公里的火衛一「福波斯」（Phobos）和直徑15公里的火衛二「得摩斯」（Deimos）。兩顆衛星表面同樣坑坑洞洞、形狀怪異，因此有說法認為它們原本是小行星。

●火星的樣貌

哈柏太空望遠鏡拍攝到的火星。可看見覆蓋極地的極冠，以及飛舞在紅褐色地表的沙塵。

●奧林帕斯山

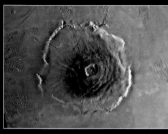

高25公里，太陽系最大的火山，可能是活火山。火星上幾乎多是巨型火山。

●水手號峽谷

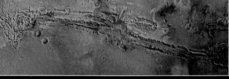

全長4000公里、深達7公里，是太陽系最大的峽谷。

●火星地表

火星探路者（Mars Pathfinder, MPF）拍攝到的火星地表。到處是火山岩，還能看見富含氧化鐵的紅沙。

●北極附近的颱風

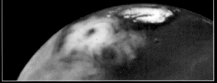

冰層覆蓋的北極極冠附近發生颱風。可看見颱風眼。

●火星上有水嗎？

火星全球探勘者號（Mars Global Surveyor, MGS）拍到的火星峽谷，一般認為是水流造成。

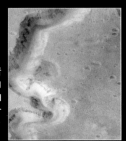

最大最重的氣體巨星「木星」

繞行自太陽數來第五條軌道的木星是太陽系最大且最重的行星。我們已經曉得它與地球等不同，是氣體組成的氣團。

差點成為太陽的行星

木星直徑約是地球的11倍，體積1300倍，是顆巨大的行星，和土星同樣屬於木星型行星（氣體巨星）。大部分是由氫氣和氦氣構成，一般認為其中央存在岩石與冰構成的地核。氫氣與氦氣在地表附近是氣體狀態，不過到了木星內部，卻因為高壓壓縮，而變成液體及液體金屬狀態。

它沒有地球型行星一樣的金屬地核，因此密度小，儘管如此它的質量仍約為地球的318倍，幾乎是太陽系中除了木星之外所有行星質量總和的2.5倍。一般認為假設太陽系形成時，集結成木星的物質質量再稍微大一點的話，木星就能夠發生核融合反應而發光，成為恆星，因此木星也被稱為「差點成為太陽的行星」。

活躍中的大氣與衛星

木星約10小時自轉一周，但因為其表面不是堅硬的岩石，因此赤道附近與兩極的自轉速度不同。表面可看見的帶狀花樣就是自轉速度差異所造成，而帶域（雲帶）與帶域中間是亂流與風暴，其中最大的風暴，就是範圍有地球的3倍大，時速約為100 公里，被稱作「大紅斑」（Great Red Spot, GRS）的巨型颱風。

另外，木星的衛星除了伽利略發現的4個之外，已經找到超過60個以上，在其周圍還有更細小的岩石碎片組成的數層木星環。太陽系最大的衛星——木衛三甘尼米德比水星還大。木衛一埃歐上有活火山。木衛二歐羅巴表面的冰層底下存在液體海洋，在封閉的黑暗海洋裡頭或許正上演著與地球不同的生命戲碼。

宇宙小知識 1994年，舒梅克‧李維九號彗星（Shoemaker-Levy 9）撞擊木星。從地球也能夠觀測到其地表留下的黑色撞擊痕跡因為氣流而變形、變淡。

●木星的樣貌

●大紅斑

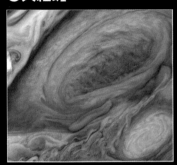

持續300年以上的木星巨型颱風。為什麼它能夠持續這麼久仍是個謎。

卡西尼號探測器（Cassini）拍攝到的木星。表面上的帶狀花樣是不同自轉速度造成。左下的黑點是衛星埃歐的影子。

●氣體行星的構造

主要成份是氫氣和氦氣。岩石與冰形成的地核外側是高壓壓縮成的液態金屬層。

氫氣和氦氣

金屬氫氣

岩石與冰的地核

●木星環

它和土星一樣，有由岩石碎屑和星塵構成的光環，只不過相當黯淡。

●伽利略衛星

伽利略發現的4顆衛星。從左到右依序是甘尼米德（木衛三）、卡利斯多（Callisto，木衛四）、埃歐（木衛一）、歐羅巴（木衛二）。一般認為歐羅巴上的海裡很可能有生命存在。

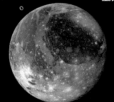

擁有美麗光環的行星「土星」

有著美麗光環的土星是太陽系中僅次於木星的大型行星。與木星一樣由氣體構成，不過也有些土星獨有的特徵。

由冰粒與岩石粒構成的光環

使用望遠鏡就能夠觀測到土星環，它美麗的姿態更是眾所周知。除了土星之外，一般認為質量大的木星、天王星、海王星也擁有光環，但因為衛星等小天體太過靠近，因此受到巨大引力影響而粉碎四散。

土星環明亮的部分幾乎是冰粒，而偏暗的部分則由岩石粒等構成。另外，土星環明亮可視的部分其直徑是地球直徑的20倍以上，約27萬公里，非常巨大，但厚度極薄，不到1公里。

土星環除了明亮的可視部分之外，仍朝外側大幅延展。人類在2009年發現了新的土星環，直徑2400萬公里、寬度600萬公里，是太陽系最大的光環，但密度很小，因此從地球上無法看見。

巨大但密度小

另外，土星雖然巨大，密度卻非常小，行星本身的直徑約12萬公里，是地球的9倍，同樣密度的話，質量應該要達830倍，而它卻只有95倍，因此密度小到把土星放在水中甚至會浮起來。這是因為土星大部分是由氫氣和氦氣等輕元素構成。

土星與木星一樣擁有60個以上的衛星，其中已知最大的泰坦星（Titan，土衛六，直徑約5150公里）上有濃厚的大氣，一般認為它可能降下甲烷雨形成湖泊，也許地底下存在著海洋。另外，已知另一顆衛星恩克拉多斯（Enceladus，土衛二）地表會噴出含鹽成分的水蒸氣和冰，推測應該有液態水存在。

宇宙小知識 土星傾斜的角度與地球軌道不同，因此從地球看土星的角度會不斷改變。大約每15年，地球會來到土星正側面的位置，此時就會完全看不見土星環。

●土星的樣貌

卡西尼號探測器拍攝到的土星。屬於氣體行星的土星因為自轉速度快,看起來成扁平狀。構造與條紋花樣等皆與木星類似,不過其質量小,因此密度也格外的小。

●土星環

日食時拍攝到的土星環。可看見發光部分的外側還有一道淡淡的光環。

●冰粒形成的光環

土星環想像圖。直徑2、3公尺的冰粒集結成環。

●衛星泰坦

以紫外線及紅外線攝影機拍攝到的太陽系第2大衛星「泰坦星」。外側有厚厚的大氣包圍。

●衛星恩克拉多斯

冰層覆蓋的衛星。一般認為其地下存在液態水。

恩克拉多斯星會噴出含鹽成份的水蒸氣和冰。

●泰坦星的地表模樣

惠更斯號探測器(Huygens)拍到的地表畫面都是冰塊。

「天王星」與「海王星」

這兩顆繞行在太陽系最外側的行星屬於天王星型行星。它們充滿水、甲烷、氨結成的冰，是冰巨星。

青白色的冰巨星

繞行在太陽系最外側的天王星和海王星富含水與甲烷，屬於天王星型行星。甲烷會充分吸收光線的紅色波長，因此兩顆行星看起來都是青白色。

至於大小方面，天王星的直徑約是地球的4倍，質量約15倍，海王星的直徑約地球的3.9倍，質量約17倍，平均密度也幾乎相同，兩者可說是十分類似的行星。

一般認為它們擁有以氫氣為主的大氣。因為距離太陽遙遠，因此表面溫度是−200℃的極度低溫。內部有水、氨、甲烷結冰構成的地函；中心有類似地球型行星的冰、岩石、鐵等成分的金屬地核。另外，兩行星皆有不明顯的光環。

變成矮行星的冥王星

冥王星軌道位在海王星外側，多年來一直被眾人認定是距離太陽最遠的行星，但目前已被排除在行星之外，改分類為矮行星。冥王星的直徑的確比月球小，軌道也遠比其他行星歪斜，以行星來說算是特例。它距離遙遠又黑暗，無法使用探測器近距離觀測，因此存在諸多謎團。事實上它究竟是什麼樣的天體，目前仍不得而知。

從過去的觀測中已經知道的是，它沒有明顯濃厚的大氣層；地表性質差異大的近乎異常，面對衛星凱倫那一側是甲烷結成的冰，反側則多半是氮氣和一氧化碳結成的冰。另外，我們藉由觀測衛星凱倫造成的冥王星食等，能夠逐漸了解它的真面目。

宇宙小知識 繞行太陽公轉、靠自己的引力變成球體、同樣軌道上沒有其他類似的天體──這些是定義行星的新條件。冥王星因為有眾多類似的天體，因而降級為矮行星。

●天王星與海王星的樣貌

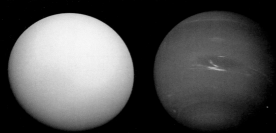

航海家2號（Voyager 2）拍攝到的天王星（左）和海王星（右）。因為甲烷吸收光線的紅色波長，所以看起來是青白色。

●天王星與海王星的構造

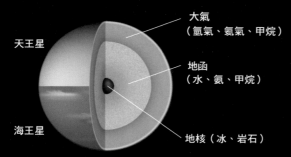

天王星

海王星

大氣
（氫氣、氦氣、甲烷）

地函
（水、氨、甲烷）

地核（冰、岩石）

水、氨和甲烷結冰形成地函，地函底下有冰和岩石形成的金屬地核。大氣成份則是氫氣、氦氣和甲烷。

●冥王星

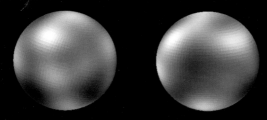

將哈柏太空望遠鏡拍出的藍光影像加工後的模樣，這2張就是冥王星的全貌。表面性質相差甚遠，因此反射率也不同。

●天王星的自轉軸

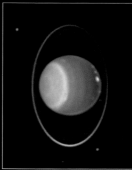

天王星的自轉軸成橫躺狀，並以這姿態公轉。周圍的衛星也與公轉面呈垂直繞行。一般認為這就是撞擊其他天體的原因。

●海王星的大黑斑

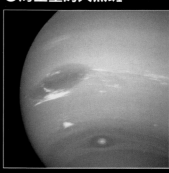

中央黑色部分是大黑斑，與木星的大紅斑類似，均為高氣壓颱風。

27

太陽系的盡頭

太陽系之中，除了行星和衛星之外，還有其他各式各樣的天體存在。有大有小，數量眾多，也因此仍舊充滿許多謎團。

可知道太陽系誕生秘密的小行星

行星以外的天體代表就是小行星。單是軌道已經確定的小行星就有20萬以上，且現在仍不斷被發現中。它們大部分都位在火星與木星軌道之間的小行星帶上，分布在廣大太陽系各處。

之中擁有相似軌道的小行星，通常被認為是過去曾經存在的天體，因為某些原因遭到破壞而形成。另一方面，位在小行星帶上的則被認為是太陽系誕生之初，沒能夠成長成為行星而殘留下來的天體。因此小行星很可能握有太陽系誕生時的資訊。

另外，每隔幾年就會拖著巨大尾巴出現在天空的彗星，也是類似小行星的天體。它們的主體是直徑數公里的岩石與冰塊，一接近太陽就會因為灼熱而放出氣體與塵埃，所以看來像有條尾巴。

「彗星大本營」確實存在

從彗星的頻頻出現，可以推測或許在某處存在著「彗星大本營」。其中一處，是荷蘭天文學家簡・亨德里克・歐特（Jan Hendrik Oort）提出的「歐特雲」（Oort cloud）。他假設歐特雲位在距離太陽數萬天文單位的地方，是將太陽系團團包圍的球狀天體群。

另外相對於假設的歐特雲，古柏等人預測的「古柏帶」（Edgeworth-Kuiper Belt, EKB）事實上也被認為極有可能是彗星的大本營。

古柏帶分布在海王星軌道往外延伸至約100天文單位這個範圍內，這裡已發現眾多天體（有看法認為冥王星也屬於其中之一），它們被稱作海王星外天體，與小行星同樣握有解開太陽系誕生之謎的關鍵。

宇宙小知識 自從2006年天體分類變更以來，過去曾屬於小行星的諸多天體變成了矮行星。2010年1月，冥王星、穀神星、鬩神星、鳥神星（Makemake）、妊神星都是矮行星。

●小行星帶的位置

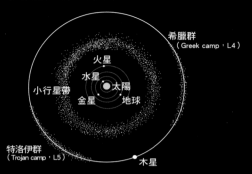

希臘群
（Greek camp，L4）

火星
水星
太陽
小行星帶
金星
地球

特洛伊群
（Trojan camp，L5）

木星

大部分小行星位在火星與木星軌道之間的小行星帶上。另外，在木星的公轉軌道上有兩個小行星群。小行星之中，有些軌道甚至延伸到太陽系外圍，遍布整個太陽系。

●彗星

彗星是直徑數公里的岩石與冰塊團塊。因為靠近太陽被蒸發，而出現白色塵埃彗尾與藍色離子彗尾。遠離太陽時看起來像顆小行星。照片上是1997年的海爾‧博普彗星（Comet Hale-Bopp）。

●小行星的樣貌

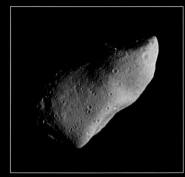

小行星951（951 Gaspra）
伽利略號探測器（Galileo）拍攝到的第一顆小行星。上面有許多撞擊坑，形狀有稜有角、不平整。表面積525平方公里。

小行星 25143（25143 Itokawa）
約500公尺左右的小型小行星，又名「系川」。這是日本探測器「隼鳥號」從距離7公里處拍攝到的畫面。「隼鳥號」預定於2010年帶著「系川」上所採集到的樣本返航。

●古柏帶與歐特雲

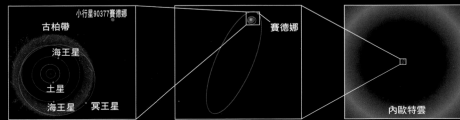

小行星90377賽德娜

古柏帶

海王星

土星

海王星 冥王星

賽德娜

內歐特雲

古柏帶是海王星軌道往外延伸100天文單位範圍內的的甜甜圈狀天體群，這裡聚集的天體很可能成為彗星。小行星賽德娜是繞行距離太陽最遠軌道（遠日點是900天文單位）的太陽系天體，有人主張它隸屬內歐特雲，但一般認為將太陽系成球狀包圍的天體群歐特雲，距離太陽應該約1萬～10萬天文單位。

太陽的構造

在太陽系中心閃耀的太陽，藉著巨大的引力及能量釋放，影響太陽系所有天體。我們來看看太陽的構造。

太陽是個巨大的核熔爐

　　太陽的直徑約140萬公里（約地球的109倍），體積是地球的130萬倍，是近乎球形的巨大氣團，約74%是氫氣，25%是氦氣，剩下的1%是氧氣、碳、鐵等物質。

　　質量是地球的33萬倍，相當於太陽系整體的99%以上。如此龐大質量製造出的引力，使得太陽中心的核心部分呈超高壓狀態，約2500億個大氣壓（atm），核心溫度約1500萬℃，氫氣因為核融合反應轉換為氦氣，釋放出巨大能量（可參考P82）。

　　太陽核心外側有稱作放射層和對流層的層狀結構，通過相當於厚度2000公里大氣的色球層（Chromosphere）之後，就是厚度達太陽半徑10倍以上的日冕（Corona）。

周期性改變的太陽活動

　　我們肉眼能夠看見的太陽表面是位在對流層最上層的光球層（Photosphere），溫度約6000℃。還可看見4000℃左右的太陽黑子（Sunspot），以及溫度略高的太陽光斑（Facula）。

　　比光球層偏暗的日冕約有100萬℃的高溫，此處每秒會噴出將近100萬噸的太陽風（超高溫產生的帶電粒子，或稱電漿Plasma）。另外在色球層還能觀測到稱為「閃焰」（Solar flare）的爆炸現象，以及火焰狀的日珥（Solar prominence）。

　　這類太陽活動具有周期性，比方說太陽黑子數量約每11年反覆增減。黑子數量多的時期太陽活動也較活躍，會爆發激烈的閃焰，引起磁暴（Geomagnetic storm），影響地球上的電波通訊等。另外，人類仍持續監看其他周期更長的活動變化。

宇宙小知識　太陽釋放的光、熱能量是地球氣象現象與生命現象的原動力。但是抵達地球的還不到太陽所有能量的22億分之一。

●太陽的構造

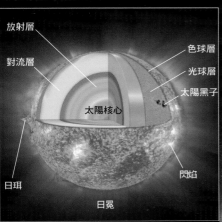

放射層
對流層
色球層
光球層
太陽黑子
太陽核心
日珥
閃焰
日冕

太陽探測衛星「日出」（Hinode）第一次拍攝到的太陽照片。太陽藉由巨大引力與放射出的能量，深深影響整個太陽系。

●閃焰

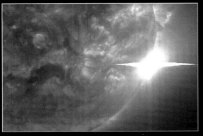

色球層的太陽黑子附近發生爆炸現象。可觀測到大規模閃焰的可見光，對於地球上的無線電波通訊等會造成不良影響。

●太陽黑子

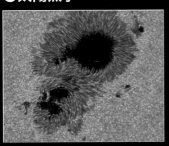

黑子數量以11年為周期反覆增減，與太陽活動存在密切關係。太陽黑子周圍的光球面覆蓋著對流劇烈的米粒組織（Granule）。

●日珥

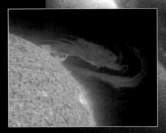

局部色球層朝日冕火焰狀突出。又稱活躍日珥（Active Prominence）。

在附近閃閃發光的恆星群

夜空閃爍的星星之中，大多數都和太陽一樣是能夠自行發光的恆星。最靠近我們的恆星遠在以光速前往仍須花上4年的地方。

最近的恆星距離約4光年

　　將直徑100億公里（約70天文單位）的觀察範圍再擴展1萬倍，來到100兆公里（約70萬天文單位）之後，就能夠看見位在太陽系之外的其他恆星。來到這裡，距離變得更大，天文單位已經不足以應付，因此改用「光年」。1光年表示光耗費1年時間前進的距離，大約相當於9兆4600億公里＝約6萬3240天文單位。此時我們的觀察範圍約為直徑10光年。

　　距離太陽系最近的其他恆星，就是位在約4.3光年處的南門二（α Centauri，又稱半人馬座α星），它是整個天空中第3明亮的星星，也因為位在南邊的關係，在日本僅有沖繩地區能夠看見。從日本所能看到最明亮的恆星，是位在8.6光年外、第5靠近的天狼星（α Canis Majoris，又名大犬座α星），

其以全天空最明亮的1等星著稱。

南門二的樣貌

　　最靠近我們的南門二（半人馬座α星），是由三顆恆星互相環繞的三合星系統，其中最靠近太陽系的就是第2伴星比鄰星（Proxima Centauri，又稱半人馬座α星C）。

　　構成南門二最大的主星半人馬座α星A及第1伴星半人馬座α星B和太陽一樣是極為普通的恆星，而比鄰星則又紅又暗，被稱作「紅矮星」，直徑只有太陽的約7分之1，從地球看到的亮度約屬11等星。

　　這3顆星雖然都是太陽的鄰居，但光速飛行前往也要4年以上；若以無人探測器的速度，大概要7萬年以上才能夠抵達，這麼一想，想必各位就能夠了解宇宙是多麼浩瀚了。

宇宙小知識 除了極少數的恆星，如牛郎星（Altair，河鼓二，又稱天鷹座α）或織女星（Vega，織女一，又稱天琴座α）擁有舊有名稱之外，其他恆星的名稱皆根據其在星座中的亮度，寫成「天琴座α」、「巨蟹座β」，或是以「星座名＋編號」的方式表示。

距離太陽系最靠近的恆星南門二在天空南端閃閃發光。左邊閃耀紅色光芒的是主星半人馬座α星A。右上是第1伴星半人馬座α星B。右側看到的4顆星是南十字星。

●【宇宙MAP 3】10光年範圍看見的宇宙

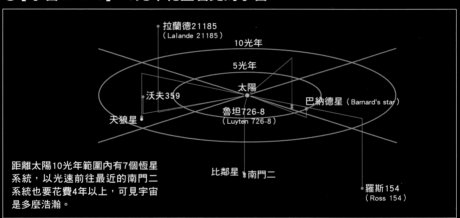

距離太陽10光年範圍內有7個恆星系統，以光速前往最近的南門二系統也要花費4年以上，可見宇宙是多麼浩瀚。

●太陽系附近的恆星

星系	恆星名	距離
南門二（半人馬座α星）	比鄰星	4.2光年
	半人馬座α星A	4.3光年
	半人馬座α星B	
蛇夫座巴納德星		6.0光年
獅子座沃夫359		7.8光年
拉蘭德21185		8.3光年
大犬座α星	天狼星A	8.6光年
	天狼星B	
魯坦726-8	鯨魚座BL星	8.7光年
	鯨魚座UV星	
羅斯154		9.7光年

各種恆星

在同一片夜空裡看見的恆星，事實上每顆距離地球都很遠，而實體也依據個別情況大小迥異。本節將介紹具代表性的恆星。

視星等與絕對星等

在夜空中閃爍的星星，一般來說愈靠近的愈亮，愈遠的看來愈暗。但事實上這差異是來自於恆星的發光強度。

天體的亮度以星等表示目視亮度（視星等，Apparent Magnitude）。比較實際亮度時則使用「絕對星等」（Absolute Magnitude）表示。「絕對星等」是假設天體距離地球32.6光年時，屬於第幾視星等。無論哪種等級，數字愈小代表星星愈明亮。

比方說，太陽的視星等是－27等，不過在絕對星等上則是4.8等，因此假如太陽出現在夜空也不是醒目的星星。另外，1等星之中，視星等屬1.3等的天津四（Deneb，天鵝座α星）亮度為平均水準，但其絕對星等卻有－7.2等，表示它是顆相當明亮的星星。

還有比太陽大2000倍的恆星

恆星彼此間還有顏色差異。心宿二（Antares，天蠍座α星）與參宿四（Betelgeuse，獵戶座α星）看來都是紅色，而天狼星與南河三（Procyon，小犬座α星）等則是藍色。這類色彩差異是恆星溫度不同所造成，紅色恆星溫度低，藍色恆星溫度高（可參考P86）。

恆星的大小也各有不同。紅色又明亮的恆星直徑大時，稱為紅巨星。比方說，心宿二約是太陽的700倍，參宿四約是950倍，它們都屬於紅巨星；其中最大的「大犬座VY」直徑約太陽的2000倍。相反地小型恆星之中有白矮星、中子星等種類，直徑約是太陽的數百分之1到10公里。

恆星的顏色、大小差異與其本身的年齡和質量有關，是用來了解恆星演化的重要線索。

宇宙小知識 在星等之中，改變1等就會改變2.5倍的亮度。也就是說5等差相當於100倍的差距。過去一直把織女星當作0等級的基準。

● 視星等與絕對星等

較近的恆星明亮，較遠的恆星黯淡。表示目視亮度的「視星等」及表示實際亮度的「絕對星等」兩者大不相同。絕對星等是假設天體距離地球32.6光年時的亮度。

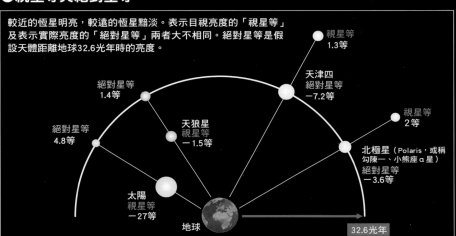

視星等 1.3等

天津四 絕對星等 −7.2等

絕對星等 1.4等

天狼星 視星等 −1.5等

視星等 2等

北極星（Polaris，或稱勾陳一、小熊座α星）絕對星等 −3.6等

絕對星等 4.8等

太陽 視星等 −27等

地球

32.6光年

● 主要恆星的亮度・大小・距離

恆星名	視星等	絕對星等	半徑（太陽單位）	距離（光年）
太陽	−2.7	4.8	1	0.000016（8光分）
南門二（半人馬座α星）	−0.01	4.4	1.23	4.3
天狼星（大犬座α星）	−1.5	1.4	1.68	8.6
比鄰星（小犬座α星）	0.3	2.65	1.86	11.4
織女星（天琴座α星）	0.03	0.58	2.73	25.3
心宿二（天蠍座α星）	1.1	−5.2	700	600
參宿四（獵戶座α星）	0.6	−5.1	950～1000	640
天津四（天鵝座α星）	1.3	−7.2	200～300	約1550
大犬座VY	8.0	−9.4	2000	約5000

● 恆星的色彩及溫度

這是哈柏太空望遠鏡捕捉到的獵戶座參宿四。表面溫度約3200℃，是閃耀紅色光芒的紅超巨星，位在距離地球640光年遠的地方。

大犬座的天狼星是除了太陽之外，地球上能夠看到的最亮恆星。表面溫度1萬℃，看來呈現藍色。距離地球約8.6光年。

我們的銀河系

即使光速旅行數十年，能夠到達的星星仍舊寥寥可數。隸屬太陽系的龐大星星集團與更龐大的銀河連結在一塊兒。

包含太陽系在內的星雲

我們將原本俯瞰太陽系周邊10光年範圍的視野進一步擴大，來到1萬光年範圍處，就能夠看見無數恆星宛如一條雲帶（可參考右頁的【宇宙MAP 4】）。好幾條雲帶相連，就成了巨型螺旋狀銀河系的一部分。

我們太陽系所在的雲帶上還有獵戶座大星雲M42，因此被稱作是「銀河系的獵戶臂」。獵戶臂外側是英仙臂，內側是人馬臂。

將觀測範圍再擴大10倍遠的話，就能夠看到巨大的螺旋（可參考【宇宙MAP 5】），這就是我們太陽系隸屬的銀河系。銀河系也被稱作「銀河星系」，是由超過2000億個恆星組成的系統，這就是地面上看見的銀河真正的面貌。

直徑10萬光年的銀河系

銀河系主要由恆星密集的圓盤（星系盤或銀盤，Disc）、突起的核心（核球，Galactic Bulge）、環繞它們的銀暈（Halo），以及暗物質暈（Dark Matter Halo）4部分構成。星系盤的直徑約是10萬光年，厚度愈往邊緣愈薄。大量年輕的恆星與星際介質（Interstellar Medium, ISM）呈螺旋狀分布其間，繞著銀河系的中心旋轉。

核球聚集著年老的恆星，且幾乎沒有星際介質。另一個恆星密度小且星際介質少的區域就是銀暈，這裡零星散布著老年恆星構成的球狀星團，其分布在直徑約十萬光年的圓球內，除了銀暈，整個銀行還被無法直接觀測的暗物質暈包圍，範圍可以延伸到十萬光年之外。暗物質暈的質量約占銀河系整體的9成，是銀河系「看不見的部分」。

宇宙小知識 飄湯在宇宙空間裡、看來像在發光的氣體等稱為星雲，星星極度靠近、群聚的部分稱為星團。它們雖有固定使用的名字，不過多半還是以編號稱呼。

●【宇宙MAP 4】1萬光年範圍看見的宇宙

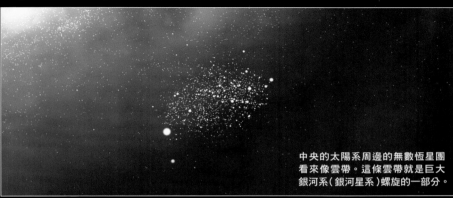

中央的太陽系周邊的無數恆星團看來像雲帶。這條雲帶就是巨大銀河系（銀河星系）螺旋的一部分。

●【宇宙MAP 5】10萬光年範圍看見的宇宙

太陽系所在的銀河系（銀河星系）是由2000億個恆星集合成的巨大螺旋，也就是從地面上也可看見的銀河的真面目。

●銀河系的螺旋構造

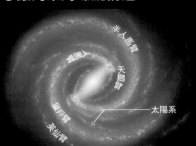

半人馬臂
英仙臂
天鵝臂
獵戶臂
太陽系

這是從正上方俯瞰銀河系的想像圖。太陽系所在的螺旋臂稱為獵戶臂。太陽系繞銀河系一周約2億年。

●銀河系的構造

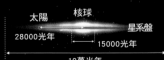

銀暈

核球
太陽
星系盤
28000光年　15000光年
10萬光年

想像從正側面看到的銀河系模樣。由圓盤部分的星系盤、中央的核球，銀暈，以及將它們大範圍包圍的暗物質暈這4部分構成。

相鄰的眾星系

秋天星座仙女座（Andromeda）的仙女座星系（M31，Andromeda Galaxy）是距離銀河系最近的螺旋星系。除此之外，銀河系四周還有其他星系團。

包括銀河系在內的本星系群

我們將觀測範圍放寬到直徑400萬光年之後，就能夠看到銀河系周圍的星系（可參考右頁【宇宙MAP 6】）。存在於宇宙之中的無數星系因為彼此的引力吸引靠近群集。這類星系集團的最小單位是星系群，而我們的銀河系則屬於「本星系群」（Local Group）其中一員。

「本星系群」的範圍從銀河系到距離約800萬光年遠的GR8星系為止，包括40幾個大型星系在內。其中最大的星系，是距離太陽系約230萬光年的仙女座星系（M31），其直徑約26萬光年，是銀河系的2.5倍，恆星數量約1兆個，約是銀河系的5倍。本星系群之中規模最大的3個星系是仙女座星系、三角座星系（M33，Triangulum Galaxy）和銀河系。

銀河系附近的星系們

本星系群之中，最靠近銀河系的是距離約4萬2000光年遠的「大犬座矮星系」（Canis Major Dwarf Galaxy）。2003年才剛被發現，質量很小，約銀河系的200分之1，因為與其他星系的引力作用拉扯而成橢圓形。另外，距離銀河系16萬光年的地方有個「大麥哲倫星系」（Large Magellanic Cloud, LMC），與距離約20萬光年的「小麥哲倫星系」（Small Magellanic Cloud, SMC）同屬銀河系的「衛星星系」（Satellite Galaxy）。此外，本星系群之中存在超過30個星系，目前仍持續被發現中。這些受到彼此引力互相牽引的星系，目前也仍在持續拉近彼此距離。大小麥哲倫星系等正逐漸被銀河系吸收合併；而以每秒數百公里速度靠近的仙女座星系估計約在30億年後將撞上銀河系。

宇宙小知識 1987年觀測到大麥哲倫星系在約16萬年前發生超新星爆炸，日本的「神岡偵測器」（KAMIOKANDE）首度在那次爆炸中發現名為「微中子」（Neutrino）的亞原子粒子。（註：這是人類首次偵測到太陽系以外的天體產生微中子）

●【宇宙MAP 6】400萬光年範圍看見的宇宙

IC10

NGC185

NGC147

NGC205

仙女座星系（M31）

M32

六分儀座矮橢球星系
(Sextans Dwarf Spheroidal Galaxy)

銀河系（銀河星系）

大麥哲倫星系　　　小麥哲倫星系

船底座矮星系
(Carina Dwarf Spheroidal Galaxy)

NGC6822

三角座星系（M33）

飛馬座矮不規則星系
(Pegasus Dwarf Irregular Galaxy)

鳳凰座矮星系
(Phoenix Dwarf Galaxy)

可看見我們銀河系隸屬的本星系群。仙女座星系（M31）、三角座星系（M33）及銀河系是其中規模最大的3個。

星系的各種形狀

用望遠鏡放大觀測星系可發現它們也有各式各樣的形狀。將星系以形狀分類的方式稱為哈柏序列（Hubble sequence）。

依形狀分類星系

我們的銀河系與仙女座星系均是相似的螺旋構造，但是大小麥哲倫星系則看不出清楚的螺旋。星系就像這樣有各自的風格、各自的形狀。美國天文學家哈柏（Edwin Powell Hubble）提倡的「哈柏序列」（又稱哈柏音叉圖）就是利用這種形狀差異將星系分類成為橢圓星系（Elliptical Galaxy）、螺旋星系（Spiral Galaxy）、棒旋星系（Barred Spiral Galaxy）、透鏡星系（Lenticular Galaxy）、不規則星系（Irregular Galaxy）。另外，特殊星系也包括在星系的分類之內。

代表性的星系形狀

橢圓星系是看不出明顯內部構造的橢圓形星系，可根據扁率進一步細分，由老年恆星構成，幾乎沒有創造新星的物質存在。

螺旋星系有類似銀河系的核球和星系盤，且星系盤有螺旋狀構造。星系盤中有許多年輕恆星，並有豐富的星際介質，可產生新星。

棒旋星系是將螺旋星系的核球部分拉長延伸，其周圍有螺旋狀的星系盤延展。

透鏡星系有核球構造，但沒有星系盤，星際氣體（Interstellar Gas）極少，是看不到年輕恆星的星系。

不符合以上分類的星系，則屬於不規則星系。大麥哲倫星系或位在大熊座的M82等都是不規則星系的代表。它們有豐富的星際氣體，正在不斷地產生新的恆星。

另外，特殊星系則是指變形極嚴重的星系，正在發生碰撞的星系間經常可見。

宇宙小知識 螺旋星系等圓盤狀的星系會根據觀看方向而改變形狀。螺旋正面正好朝向地球的稱作Face-on Galaxy，側面朝向地球的稱作Edge-on Galaxy。

●橢圓星系（ESO325-G004）

沒有明顯螺旋的橢圓形星系。星際氣體等創造新星的物質幾乎已經消耗殆盡，所剩無幾。

●螺旋星系（NGC4414）

擁有核球、星系盤及螺旋構造的星系。星系盤內有較多年輕恆星，星際介質豐富並正在誕生新星。

●棒旋星系（NGC1300）

螺旋星系的核球部分延伸拉長，螺旋狀的星系盤向外延伸的星系。

●透鏡星系（NGC5886）

雖有核球構造，但周圍沒有星系盤的星系。用來製造新星的星際氣體極少，因此找不到年輕恆星。

●不規則星系（M82）

沒有以上任何特徵的星系。有豐富的星際氣體，新星誕生運動相當活躍。

●特殊星系（NGC3256）

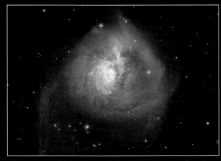

哈柏序列之外的星系，變形極嚴重，在碰撞中的星系間經常可見。

分布在宇宙各處的星系群

範圍廣大的本星系群也屬於由周圍數個星系群、星系團所構成之更大型超星系團（Superclusters）的成員之一。

本星系群四周的星系群

遍覽本星系群的視野再拓寬至1.5億光年的地方，就能夠看見本星系群四周還有其他星系集團存在（可參考右頁【宇宙MAP 7】）。

距離本星系群700萬～1000萬光年處有玉夫座星系群（Sculptor Group）和馬菲星系群（Maffei Group，也稱IC 342星系群）。其四周還有M81星系群、M101星系群等，而距離約5000萬～7000萬光年處還有更大的星系集團。這是最早的梅西耳天體列表（Messier Objects，或稱梅西耳星團星雲列表）製作者法國天文學家夏爾·梅西耳（Charles Messier）發現的室女座星系團（Virgo Cluster）。

星系團與星系群同樣由星系組成，不過比星系群稍大，大約包含數百到2000個左右的星系。

星系群、星系團構成的超星系團

至今已經發現超過 1 萬個這類的星系群、星系團。而這些星系群、星系團進一步結合成更大的集團、範圍超過 1 億光年以上時，就稱作超星系團。

本星系群與附近約100個左右的星系群、星系團組合成以室女座星系團為中心的「室女座超星系團」（Virgo SC）或稱「本超星系團」（LSC或LS）。其直徑達2億光年，範圍廣及【宇宙MAP 7】整個區域。

另外，以可見光線觀察星系與星系之間的空間時看似空無一物，但是透過X光觀測會發現那兒存在高達1億℃高溫的電離氣體（Ionized Gases），稀薄且大範圍地包覆住整個星系團，這個氣體就稱作「星系團際介質」（ICM）。

宇宙小知識 每個星系皆以每秒1000公里的速度高速運行著。能夠阻止星系團被甩出去的，除了星系間的引力之外，也是因為有看不見的暗物質存在。

●【宇宙MAP 7】1億5000萬光年範圍看見的宇宙

玉夫座星系群

本星系群

室女座星系團

室女座III星系雲
（Virgo III Cloud）

馬菲星系群

M81星系群
（大熊座星系群）

天爐座星系團

包括我們銀河系在內的本星系群，是由周邊幾個星系群、星系團
組合成的「室女座超星系團」成員之一。

●室女座星系團

是室女座超星系團中央最大的星系集團。其中有
較明亮的星系，因此可拿小口徑望遠鏡從地球直
接觀測。

●M101星系

螺旋星系M101別名「風車星系」（Pinwheel
Galaxy）（註：歐美和台灣稱「風車星系」，日本
稱「旋轉煙火星系」）擁有非常大型的星系盤，
是M101星系群核心之中最明亮的星系。因為它
的星系盤很薄，能夠透過去看見後側的星系。

創造牆壁與空間的宇宙

位在宇宙的星系與星系集團，並非均勻散布在宇宙各地，而是沿著某個固定結構分布。

氣泡般的宇宙大尺度結構

將地球所在的銀河系置於中心，觀察 20 億光年範圍內的區域，就能夠看見星系團、超星系團等巨型星系集團並非均勻散布在宇宙裡。

星系團與超星系團廣布在平面上，這構造相當於牆壁，稱為「長城」（The Great Wall）。另一方面，壁狀相連的星系團之間存在極巨大且近乎球形的空間，這個區域幾乎沒有任何星系，因此稱為「超空洞」（Super Void，或稱空洞）。

壁狀相連的星系團與空洞綿延不絕，形成宇宙最龐大的構造，稱為「宇宙大尺度結構」（Large scale Structure of the Cosmos）。此構造很像肥皂的氣泡，因此也稱作「宇宙氣泡結構」（Bubbles）。

位在大尺度結構前面的東西

最大型的宇宙大尺度結構觀測計畫，就是「史隆數位巡天」（Sloan Digital Sky Survey, SDSS）。此計畫精確測量整個天空 25％以上範圍的天體距離，描繪出宇宙大尺度結構的樣貌，而第二階段（SDSS-II）的觀測將可製作出 20 億光年範圍內包括約 100 萬個銀河的宇宙地圖。這種宇宙大尺度結構已確定延續到約 70 億光年的地方。

針對接下來的「宇宙盡頭」、「宇宙寬度」等範圍，也有各式各樣的說法。 提到「宇宙寬度」時，必須考慮的不只是空間的寬度，還必須考慮到時間的寬度。在下一章中，我們將討論時間的寬度。

宇宙小知識 SDSS的星系分布觀測結果呈現扇形，是因為與銀河系星系面交疊的部分，被氣體與塵埃遮住了遠處來的光線，導致地面上的望遠鏡無法觀測。

●【宇宙MAP 8】20億光年範圍看見的宇宙

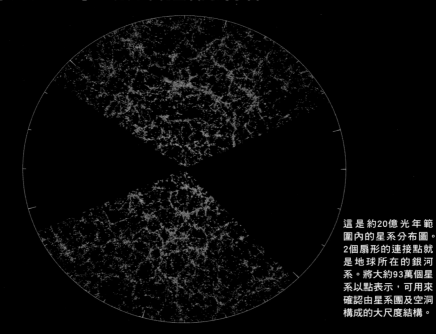

這是約20億光年範圍內的星系分布圖。2個扇形的連接點就是地球所在的銀河系。將大約93萬個星系以點表示,可用來確認由星系團及空洞構成的大尺度結構。

●延伸到遠處的大尺度結構

大尺度結構持續到70億光年的地方。照片中是歐洲南天天文台(European Southern Observatory, ESO)VLT望遠鏡(特大望遠鏡,Very Large Telescope,縮寫VLT)與日本昴星團望遠鏡所拍到,位在67億光年處的大尺度結構。

●102億光年處的星系團

錢卓拉X射線太空望遠鏡(Chandra X-ray Observatory, CXO)於2009年發現距離地球102億光年處的星系團JKCS041。一般認為這裡就是星系團存在的邊界。

行星運動的構造

行星運動定律

太陽系的行星在軌道上規律運行。太陽系8個行星的公轉軌道乍看之下是以太陽為中心的圓形，事實上是偏橢圓形。

另外，太陽系行星具有「沿著以太陽為其中一個焦點的橢圓軌道運行」之定律。也就是說，太陽不是公轉軌道的中心，而是2個焦點的1個。

這是1609年德國天文學家約翰內斯・克卜勒（Johannes Kepler）觀測後發現的結果，稱為「克卜勒第一定律」（橢圓定律）。看太陽系全圖時發現行星軌道不是以橢圓而是以圓形標示時，表示行星橢圓軌道的2個焦點均位在太陽內部，也就是說這些橢圓非常接近圓形。

克卜勒另外還找到「行星與太陽連線掃過的面積，在一定時間內均相等」的第二定律（面積定律）。這表示行星靠近太陽時，移動速度會加快，遠離太陽時會變慢。

此外，還有「所有行星的公轉周期平方與軌道半長軸立方成正比」的第三定律（調和定律），表示距離太陽愈遠的行星，公轉周期愈長。

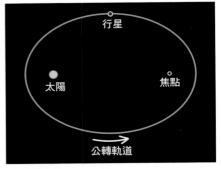

●橢圓定律
行星繞著以太陽為其中一個焦點的橢圓軌道行進。太陽之外的另一個焦點通常不是大型天體。

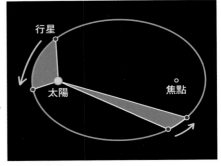

●面積定律
行星移動時間相同時，行星與太陽連線掃出的面積也會相同。也就是說，行星靠近太陽時速度會加快，遠離太陽時會變慢。

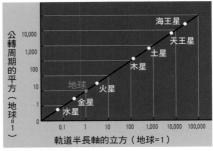

●調和定律
所有行星的公轉周期平方與軌道半長軸立方成正比。也就是說，距離太陽愈遠的行星公轉周期愈長。

以上是與行星運動有關的克卜勒三定律，所有行星運動皆可套用這些定律。這項發現是透過活躍於16世紀後半的丹麥天文學家第谷‧布拉赫（Tycho Brahe）留下的大量行星位置觀測資料而導出，同時也證明了地球與其他行星繞著太陽轉的地動說正確。

奇妙的運動及其構成

從地球上看來，行星的運行軌跡十分奇妙。原以為它們在星座中正向運行（順時針），但有些時候又反轉逆行（逆時針），然後又恢復正向運行。

過去提倡天動說的學者們費了好大一番功夫解釋行星這種奇妙的運行方式，他們認為地球之外的行星繞著繞行地球的太陽移動，構思出相當複雜的太陽系結構。

但是以地動說來思考的話，行星運動的解釋就變得簡單許多。愈內側的行星繞行太陽公轉的周期愈短，因此能夠在一定周期內超越外側行星。

當地球公轉超越比地球更外側的行星（木星～海王星）時，表面上看起來就像發生了逆行。另一方面，位

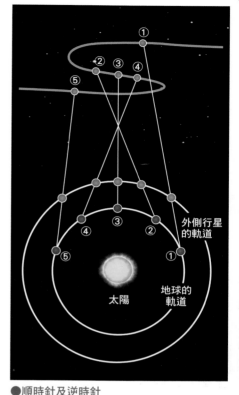

●順時針及逆時針
位在愈內側的行星，公轉周期愈短，因此位在地球外側的行星只要追過地球時，看來就像發生逆行。

在比地球內側的水星和金星，則會因為與地球同側，或移動到隔著太陽的另一側，而看來像是改變了運行方向。

月食與日食

天體的影子遮住其他天體

遠古時代起就廣受人類注意，也是最靠近我們的天文現象之一，就是月食和日食。

月球仰賴太陽光照耀而發亮。另一方面，地球也受到太陽照射，而夜晚那一面則是太陽光照不到的區域。月球進入這個區域後變得極端黑暗，就是月食。整個月亮都進入區域內就是月全食，局部進入就是月偏食。

另一方面，從地球上觀看時，當月球來到與太陽同一側，月球會遮蓋太陽變成日食。根據地球、月球和太陽的距離關係，會出現太陽完全被遮住的日全食，以及太陽露出於月球四周的日環食（日全環食）。此外，根據位置的不同，還有太陽的一部份被遮住的日偏食。

2009年7月22日在日本奄美大島北部和琉球群島的吐噶喇群島等地曾發生日全食。下一次日本國內能夠看到日全食的時間是2035年9月2日，從能登半島到北關東一帶均可觀賞到。

此現象在地球之外的地方同樣會發生。透過天文望遠鏡經常可觀測到木星的衛星進入木星影子裡，或衛星的影子落在木星上等現象。

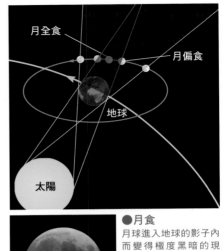

●月食
月球進入地球的影子內而變得極度黑暗的現象。

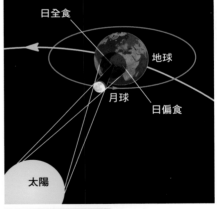

●日食
月球來到太陽同一側後，遮住太陽的現象。

第**2**章

宇宙的開展與演化
──從宇宙誕生到結束──

在第1章中，我們針對宇宙空間的寬度進行探討。進入本章，我們將針對宇宙的時間廣度來思考。綜觀宇宙的誕生到未來，一起來看看世上最大的謎團之一──「宇宙如何誕生？今後將如何變化？」

思考宇宙的樣貌

探索宇宙歷史的第一步，就是分析宇宙的樣貌、思考它為什麼會變成這樣開始。該如何調查宇宙的模樣呢？

星星位在十分遙遠的地方

人類自從擁有文明以來直到現在，仍不斷在探索宇宙的模樣。古代有各式各樣的宇宙觀，不過長期以來一直為大家所相信的，就是托勒密的「太陽及太陽系行星繞著地球旋轉」的天動說。

後來，哥白尼發表了地球及其他行星繞行太陽旋轉的地動說，並經伽利略使用望遠鏡觀測證實後，才成為正式的學說。

我們可經由實際驗證地動說進一步了解太陽系的構造，但夜空裡能夠看到的星星及宇宙的完整容貌，仍存在眾多謎團，我們目前知道的僅止於在夜空中移動的月球、行星偶爾會遮蔽恆星（掩星，Occultation），以及星星位在太陽系外側等等。

赫歇爾描繪的宇宙模型

針對宇宙整體的正式研究始於18世紀後半。初期最重要的成果之一就是英國天文學家赫歇爾（Sir Frederick William Herschel）提出的宇宙模型。

赫歇爾使用自己製作的望遠鏡觀測後，構思出銀河的星星分布成直徑約6000光年的圓盤狀。這個宇宙模型是人類第一次使用科學方法描繪銀河系的樣貌，是劃時代的成果。

但是赫歇爾的觀測基礎建立在星星的密度及亮度上，無法正確掌握星星距離，描繪出立體的宇宙模樣，因為在地球上的方法幾乎都無法測量星星的距離，因此眾人的思考方向轉向如何找出新方法測量星星的距離。

宇宙小知識 赫歇爾除了宇宙圖之外，還發現了土星的衛星土衛一（米瑪斯，Mimas）、土衛二（恩塞勒德斯，Enceladus）、天王星的衛星天衛三（泰坦妮亞，Titania）、天衛四（奧伯朗，Oberon）等，對於天文學有諸多貢獻。

●天動說的宇宙模型

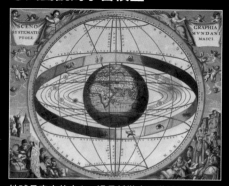

地球是宇宙的中心，這是托勒密天動說的宇宙圖。行星軌道外側描繪著星座（恆星）。天動說在基督教的保護之下，持續受到民眾相信了1000年以上。

●地動說的宇宙模型

地球及行星繞著太陽轉，這是哥白尼地動說的宇宙模型。歷經伽利略、克卜勒、牛頓等人的觀測和研究之後成為學說。

●掩星

在夜空中移動的月亮偶爾會遮蔽恆星。古時候的人也因為這現象，很早就知道恆星（星座）位在太陽系外側。

●赫歇爾的望遠鏡及宇宙模型

赫歇爾利用自己製作的反射望遠鏡，最先思考出構成銀河的星星成圓盤狀分布，而在這個銀河系構造模型（下圖）中央閃耀的就是太陽。

測量星星的距離

調查宇宙的寬度時，第一件事就是要測量地球與星星之間的距離。過去的方式只能測量到月球為止的距離，於是有人想出了新的方法。

一般方式無法測量

為了剖析宇宙整體，天文學家們開始挑戰測量地球與夜空中閃爍星星之間的距離。

一般要測量與遠處對象的距離時，多半使用三角測量。此法是選兩個可看到目標的地點，測量標準方向及目標方向的角度，再利用三角函數計算距離。

但是目標愈遠時，兩地之間的角度會愈小，最後甚至小到無法測量。測量與恆星之間的長距離時，必須擴大兩測量地點之間的間隔，但是在地球上最大的間隔頂多到直徑1萬3000公里，因此只能夠測量距離地球約38萬公里遠的月球而已。這樣別說恆星了，連太陽系內其他行星都無法測量。

只利用地球軌道的直徑遠端估測

因此為了測量更長的距離，改用的方法是每隔半年測量從地球看見的星星角度。兩測量地之間的距離是地球公轉軌道的直徑，大約3億公里，因此能夠得到比地球表面上測量更精確的距離值。這種方法測量出的「能看見星星的角度差」稱為「周年視差」（或稱「恆星視差法」）。

而無法找出周年視差的星星，也可利用其他許多方法，其中之一是「移動星團視差法（moving cluster parallax method）」。此法是間隔幾年或幾個月觀測成群分布的星星（星團等），測量星星微小的位置變化後，計算其距離。

只是這些方法仍無法測量比恆星遠上幾十倍的銀河距離。

宇宙小知識 除了天文單位與光年之外，天文學上經常使用的距離單位就是秒差距（Parsec, pc）。1秒差距就是周年視差1角秒（註：「角秒」是角度單位，也稱「秒」）的距離，大約等於20萬6265天文單位，也就是約3.26光年。

●使用周年視差測量星星距離

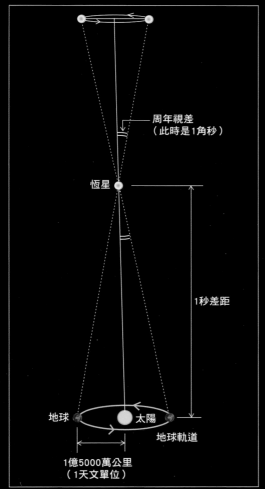

周年視差
（此時是1角秒）

恆星

1秒差距

地球　太陽

地球軌道

1億5000萬公里
（1天文單位）

每隔半年測量從地球上可看見之星星的角度差（周年視差）後，計算出距離。周年視差移動1角秒（1角秒是1度的3600分之1）的距離稱為1秒差距。

表示天體間距的單位

秒差距 （PC）	光年 （ｌｙ）	天文單位 （AU）	公里 （km）
1	3.26	206265	30兆8568億
0.3065948	1	63240	9兆4605億
0.0000049	0.000016	1	1億4960萬

●過去的三角測量法

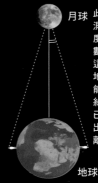

月球

此法是由兩個地點測量目標方向的角度，再利用三角函數計算距離。使用這個方法的話，兩地點間隔最大值只能達到地球的直徑約1萬3000公里而已，因此只可測量出與月球之間的距離。

地球

●月表反射板

現在要測量到月球的距離，是利用雷射射擊阿波羅號設置在月球表面的反射板，根據雷射反射到地球的時間計算，可得到極精確的結果。

●首次測量星星的距離

1838年德國天文學家貝塞爾（Friedrich Wilhelm Bessel）利用周年視差法計算出與天鵝座61（61 Cygni，又稱貝塞爾星）之間的距離。當時計算出的周年視差是0.314角秒，距離是10.4光年。

發現宇宙的燈塔

測量的原理是，只要能夠找到星星當作燈塔般的路標，原本怎麼樣也沒辦法測量的銀河距離，也就能夠測量了。

利用變星的週期測量距離

恆星之中有一種稱為變星（Variable Star），它的亮度會發生週期性變化。變星的種類五花八門，其中一種名叫造父變星（Cepheid，意思是「仙王座的」）的變星會準確按照幾小時到幾十天的週期改變亮度。

20世紀初期，女性天文學家勒維特（Henrietta Swan Leavitt）觀測小麥哲倫星系中幾個幾乎等距離的造父變星時，發現光變週期與光度之間存在一定的關係（週期愈長，絕對星等愈明亮），這種關係被稱作「周光關係」。

有了這項發現，就能夠測量銀河系內或其他星系的造父變星週期，再找出絕對星等，將它與觀測到的亮度（視星等）比較之後，得出與該顆星之間的距離。

造父變星是照亮宇宙的燈塔

造父變星在我們的銀河系裡為數不少，因此只要調查它們，就能夠知道銀河系的大小、太陽系位在銀河系的邊緣一帶等等。美國天文學家哈柏（Edwin Powell Hubble）接著在仙女座星系（M31）找出了12顆造父變星，發現M31位在銀河系之外。

透過造父變星還找到了許多其他星系，根據測量它們的距離，可知分布在天空的螺旋狀星雲（螺旋星系）全都是距離遙遠的星系，也知道了我們的銀河系是眾多星系其中之一。到此我們終於能夠掌握廣大星系的整體樣貌了。造父變星在天文學上來說，彷彿散布在宇宙的燈塔，也是用來解開宇宙模樣的幫手。

宇宙小知識 哈柏在M31中找到造父變星時，在照片上寫下表示變星的文字「VAR!」。最後的「！」可以感受到哈柏的興奮。

●宇宙燈塔「造父變星」

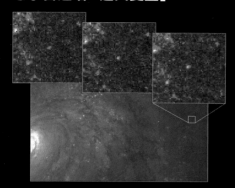

哈柏太空望遠鏡拍攝到M100星系中的造父變星。
可看出亮度正在改變。到達這顆變星的距離是
5600萬光年。

亨麗愛塔‧勒維特

原是哈佛大學天文
台的無給職義工，
在觀測變星的過程
中，發現周光關係。

●造父變星的周光關係

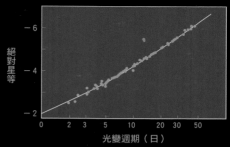

光變週期愈長的星星，真正的亮度（光度，
絕對星等）愈亮。

●仙王座δ（造父一）的光變週期

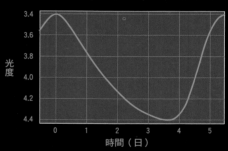

恆星準確地以大約5.37日的週期漲縮或增
減光，改變亮度。

●仙女座星系的造父變星

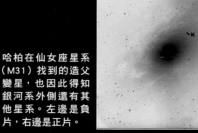

哈柏在仙女座星系
（M31）找到的造父
變星，也因此得知
銀河系外側還有其
他星系。左邊是負
片，右邊是正片。

宇宙有沒有盡頭？

根據觀測星系的距離進一步了解宇宙的寬度之後，自然會浮現一個問題：宇宙有盡頭嗎？

奧伯斯伴謬

直到開始研究位在銀河系之外的星系（河外星系）之前，主流想法均認為宇宙無止盡且恆久不變。比如說，發現萬有引力的牛頓也認為宇宙空間因為引力而穩定存在不收縮，因此宇宙無邊無際且擁有無數星星，而且這些星星不會消失。

從很早之前開始，就有個關於宇宙盡頭存在與否的著名討論，稱作「奧伯斯伴謬」（Olbers' paradox，或稱奧柏斯的悖論）。此說法假設宇宙空間無限寬廣，星星和星系均勻散布在其中，而且從古至今不曾改變。

假設是如此，那麼站在地球上任何一點眺望宇宙的話，將會導出奇怪的結論。

宇宙並非無止盡也非永恆不變

假如宇宙不曾改變且無止盡延伸的話，則當距離增加2倍時，夜空中視野所及範圍內的星星數量會變成4倍。另一方面，當距離增加2倍時，星星傳遞過來的光量將剩下4分之1。

因此不管距離多遙遠，由固定角度看向任何距離，一定都能看見同樣數量的星星在發光，亦即夜空應該永遠明亮才對。

但事實上夜空是黑暗的。因此結論就是「宇宙是均等的」、「宇宙是無限的」、「宇宙永恆不變」其中一項假設錯誤。如果從星系的觀測證明「宇宙是均等的」正確，那麼應該是「宇宙有盡頭」或「宇宙不斷改變」或「宇宙有盡頭且不斷改變」的其中一種才對。

宇宙小知識 「奧伯斯伴謬」雖然是以詳細討論此主題的天文學家海因里希．奧伯斯（Heinrich Wilhelm Matthäus Olbers）命名，然實際上這類爭論早在奧伯斯之前就存在了。

●奧伯斯佯謬

如果宇宙空間無限寬廣、星星均勻散布其中，而且從來不曾改變，照理說無論我們看向任何距離，應該都能看見等量的星星在發光，而夜空應該永遠明亮才對。

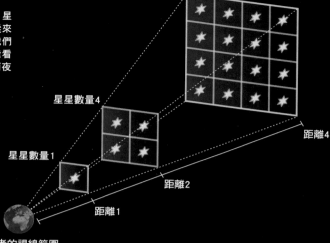

星星數量16

星星數量4

星星數量1

距離4

距離2

距離1

觀測者的視線範圍

●夜空黑暗

假設夜空應該明亮的奧伯斯佯謬，因為夜空是黑暗的，因此假說不成立，也證明了宇宙並非永恆不變且沒有盡頭。

海因里希·奧伯斯

是德國天文學家也是醫生。除了主張奧伯斯佯謬之外，還發現了小行星和彗星等，在天文學上留下諸多貢獻。

艾薩克·牛頓
（Sir Isaac Newton）

即使牛頓找到證明地動說的萬有引力法則，仍以為宇宙空間因為引力而穩衡不收縮，且認為宇宙無限大並擁有無數的星星。

浩瀚的宇宙

20世紀初期發現了與星系運動有關的「哈柏定律」（Hubble's law），在解開宇宙的構造上，扮演相當重要的角色。

星系正在遠離

詳細調查天體性質的方法之中，有一種叫做光譜分析法，是將天體發出的光分解成類似彩虹的光譜後進行分析。藉由這方法，可從正在觀測的星系資料中，找出現代宇宙論的基礎。

美國天文學家史力佛（Vesto Melvin Slipher）發現好幾個星系的光譜波長變長，他指出這些星系正以非常快的速度遠離。得知這個發現後，哈柏拍下各種星系的光譜，詳細分析龐大的資料。

結果哈柏發現大多數星系的光譜多朝紅端（波長變長）偏移，這個現象稱為「紅移」（Redshift，或稱宇宙學紅移）。由此可證明這些星系正快速遠離地球（可參考P80）。

宇宙正在膨脹

如果是從其他星系觀測，也會發現我們的銀河系正在遠離，顯示整個宇宙正在膨脹。

比方說，在氣球表面畫上好幾個點之後充氣，就會發現點與點之間的間隔全都變大。無論站在哪個地方觀測，都會看到四周的點遠離了，而且原本就遠離觀測處的點，遠離的比例會更大。

根據這項發現可以證明宇宙並非一直保持同樣姿態，而是不斷持續劇烈變化。哈柏還提出到星系為止的距離（d）與遠離速度（v）之間的公式「$v=H_0 \times d$」，也就是星系的運動法則「哈柏定律」。H_0被稱作哈柏常數（Hubble Constant），也是決定宇宙構造的常數之一。

宇宙小知識 哈柏定律也運用在推測宇宙寬度上。只要測量出星系的紅移值，就能夠知道星系遠離的速度與到達該星系的距離。

●紅移

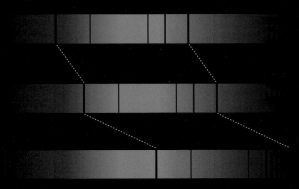

遠處星系的光譜線依照距離地球的比例大小，
朝紅色處偏移。

●星系的距離與退行速度的關係

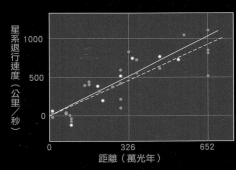

距離地球愈遠的星系遠離的速度愈快，由此可知
宇宙正在膨脹。

愛德溫·哈柏

使用當時最先進的威爾遜山天文台（Mount Wilson Observatory）虎克望遠鏡證明宇宙在膨脹，奠定現代宇宙論的根基。

●膨脹的宇宙

宇宙整體一膨脹，點（星系）的間隔也全部跟著擴大。無論從哪個地點看，都能看到星系正在遠離，距離愈遠的星系遠離比例愈大。

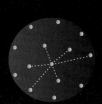

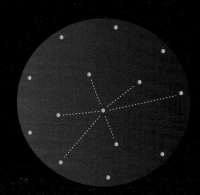

大霹靂的發現

當前宇宙論主流的大霹靂宇宙論提出於20世紀後半。因為宇宙微波背景輻射的發現，而獲得廣泛支持。

宇宙由火球開始

如果宇宙真如哈柏所說的正在膨脹，那麼逆推時間的話，應該能夠找到膨脹開始的時間點。一般認為目前宇宙中存在的一切物質和能量當時全都聚集在極度狹窄的區域內，呈現無法想像的超高溫、超高密度的「火球」狀態。

這個火球狀態的宇宙爆炸膨脹，變成現在的宇宙，此想法就是「大霹靂宇宙論」，而那場爆炸就稱作「大霹靂」（也稱大爆炸）。

這個假設是1927年比利時的喬治‧勒梅特（Georges Henri Joseph Éduard Lemaître）所想出、美國科學家喬治‧伽莫夫（George Gamow）推廣。伽莫夫甚至預測火球時期的影響目前仍在，並且會從遙遠的宇宙波及地球。

來自宇宙的爆炸殘跡

1964年，美國貝爾實驗室偶然發現來自宇宙的各向同性微波，稱作「宇宙微波背景輻射」（Cosmic Microwave Background（CMB）Radiation，或稱3K背景輻射）。分析光譜後發現它與絕對溫度3K（－270℃）的黑體輻射（物體的電磁輻射，Black-body Radiation）一致。一般認為它是大霹靂剛發生時，高溫高密度宇宙釋放出的光因為宇宙膨脹而伸展，波長也跟著變長而形成。亦即宇宙微波背景輻射就是大霹靂最直接的證據。

後來，NASA的COBE及WMAP人造衛星發現宇宙微波背景輻射的強度並非完全一致，有些雜訊。造成雜訊的原因，一般認為是宇宙物質的差異（星系等）所影響。

宇宙小知識 大霹靂這名稱，來自否定此說法的天文學家霍伊爾（Sir Fred Hoyle）某次在廣播節目上揶揄說：「簡直就像大霹靂（Big Bang）一樣。」因而廣為使用。

●大霹靂宇宙論

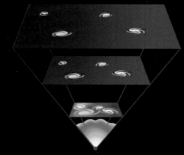

喬治·勒梅特

大霹靂理論是
1927年比利時
的勒梅特所想
出，後來因為
宇宙微波背景
輻射的發現而
廣泛受到支持。

宇宙開始膨脹那一刻，所有物質及能量集合成超
高溫、超高密度的火球狀態，火球爆炸後膨脹，
就變成了現在的宇宙。

●宇宙微波背景輻射的觀測

1965　　　　　　　　　　　　　　　　　　　**彭齊亞斯與威爾遜**

1992　　　　　　　　　　　　　　　　　　　　　**COBE**

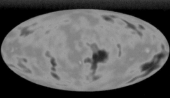

2001　　　　　　　　　　　　　　　　　　　　　**WMAP**

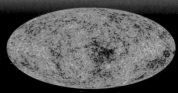

貝爾實驗室的彭齊亞斯（Arno Allan Penzias）與威爾遜（Robert Woodrow Wilson）在研究減少號角狀天
線雜音時，偶然發現宇宙微波背景輻射。1989年升空的COBE衛星及2001年升空的WMAP衛星已經能夠準
確測出輻射存在溫度波動（雜訊）。

宇宙的誕生

宇宙從出生到現在經歷過什麼樣的歷史？讓我們翻開宇宙演化史的第一頁吧。

超高溫、超高壓的宇宙

　　宇宙為何會誕生？這個問題以目前的科學仍無法回答。原因在於我們沒有任何宇宙誕生之前是什麼模樣的證據。總而言之，宇宙誕生的同時，時間也開始轉動。

　　剛誕生時的宇宙稱為最早期宇宙，而第一階段稱為普朗克時期（Planck Epoch）。普朗克時期約是從宇宙誕生到 10^{-43} 秒的極短時期，這時存在於宇宙的所有力量化為一體，變成混沌的液體狀態。

　　接著宇宙誕生 10^{-43} ～ 10^{-36} 秒的階段稱為大一統時期（Grand Unification Epoch），這時宇宙開始膨脹並降溫，從液體狀態先分離出萬有引力（簡稱引力），接著分離出強力及電弱力（等於弱力加電磁力）（可參考P142）。

急遽膨脹的發生

　　宇宙誕生 10^{-36} ～ 10^{-32} 秒膨脹急遽加速，稱為暴脹時期（Inflationary Epoch），原本極小的能量與密度等的波動（雜訊）因此一口氣放大到 10^{43} 倍，完成發展成現在宇宙的構造。

　　暴脹時期使得宇宙的溫度急速下降，因而產生出稱作夸克與膠子的次原子粒子（構成物質的最小單位）的一部分，接著在1萬分之1秒後誕生出強子（受到強互相作用影響的次原子粒子總稱）。誕生100分之1秒後，宇宙的溫度下降到1000億℃，光子（光）、微中子、電子及少數質子、中子等次原子粒子混雜在一起。

宇宙小知識　「普朗克時期」這名稱表示物理學上能夠測定的最小時間，因此以量子論之父德國物理學家馬克思・普朗克（Max Karl Ernst Ludwig Planck）命名。

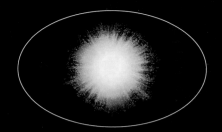

●宇宙誕生

時間	0
溫度	10^{32}°C

宇宙由火球狀態誕生,時間也於此同時開始。一般認為時間在此之前不存在。

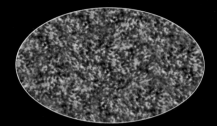

●普朗克時期

時間	0～約10^{-43}秒
溫度	10^{32}°C

宇宙力量融為一體。屬於無法估計的超高溫、高密度、所有物理法則都不成立的混沌液體狀態。

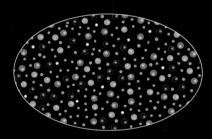

●大一統時期

時間	10^{-43}～10^{-36}秒
溫度	10^{28}°C

宇宙開始膨脹的同時,溫度也開始下降。這個世界存在的4種力量之中,引力第一個被分離出來,接著強作用力和電弱力也跟著分離出來。也有說法認為磁單極子(Magnetic Monopole)就是誕生於這個時候。

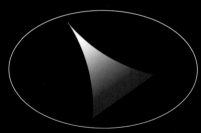

●暴脹時期

時間	10^{-36}～10^{-32}秒
溫度	10^{27}°C

1980年代初期,日本的佐藤勝彥等人主張膨脹速度劇烈加速。能量和密度等的極小雜訊被一口氣擴大到約1043倍。產生出部分稱為夸克、膠子的次原子粒子。

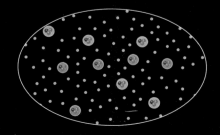

時間	0.0001～0.01秒
溫度	10^{13}～1000億°C

強子誕生,光子(光)、微中子、電子和少數質子、中子等次原子粒子混雜存在。

【宇宙演化Album2】
物質產生

宇宙演化史的下一頁就是物質誕生，宇宙逐漸朝現在的模樣構築，也就是產生物質與空間的時期。

充滿光子的時代

宇宙誕生1秒～3分鐘後稱作電弱時期（Electroweak Epoch）。這時期宇宙質量的大部分幾乎是輕子，在創造物質的次原子粒子之中，它也是類似電子的輕粒子。用來創造目前宇宙中物質的次原子粒子到此大多數已經現身。

宇宙誕生3分46秒之後，溫度開始下降，質子與中子結合產生原子核（核融合）。溫度雖然降下來了，但仍然有9億℃，因此質子、電子、原子核等劇烈旋轉，遭到阻擋的光子（光）無法自由進入。等到宇宙的溫度降至3億℃，無法繼續進行核融合時，原子核結束成長。這段時期產生的幾乎是較輕的氫與氦的原子核。

38萬年後，宇宙清澈透明

宇宙誕生約38萬年後，溫度約降到3700℃。過去原本處於電漿狀態的原子核與電子擁有的能量也減少，原本自由游移的電子被原子核抓住，產生出氫等的原子，使得原本無法自由行進的光子因此能夠前進，宇宙空間因為光而能夠被看見，這狀態稱為「宇宙清澈透明」，而這時期稱為「再結合期」。

目前我們所能夠觀測最遠處傳來的光，就是宇宙微波背景輻射，然而一般認為位在該處的宇宙空間正以近乎光速的速度遠離，因此背景輻射的光來自宇宙剛誕生沒多久時，而宇宙微波背景輻射就是再結合期放出的光芒殘跡。

宇宙小知識 各個次原子粒子之中存在著質量與正常粒子相等，電氣性質卻相反的反粒子（Antiparticle）。它們大多數在宇宙誕生後3分鐘之內消滅，剩下的粒子就變成了物質。

●原子核誕生

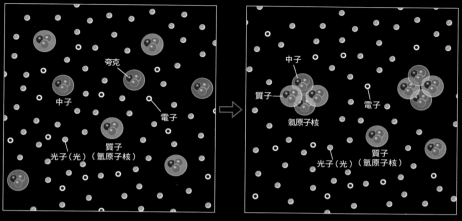

宇宙誕生後的3分鐘之內，所有物質的基礎也跟著誕生。3分46秒後，宇宙的溫度下降，質子和中子結合後產生原子核。後來溫度很快就下降到無法繼續進行核融合，因此只能產生較輕的氫與氦的原子核。

●宇宙再結合期

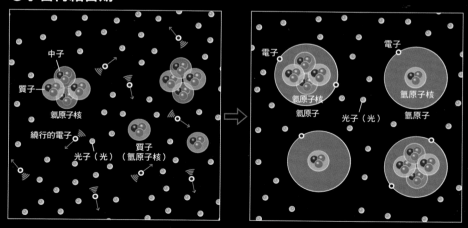

宇宙誕生約38萬年之後，溫度降到4000℃以下，原本四處游移的電漿狀態電子，被氫和氦的原子核抓住，形成氫原子與氦原子，使得原本遭電子妨礙而無法自由行進的光子（光）能夠前進，宇宙因此變得清澈透明。

星星誕生

宇宙誕生後38萬年到約8億年之間，是找不到直接證據的黑暗時期（Dark Ages）。一般認為最早的星星誕生於這個時期。

星星由星際介質產生

物質形成後，宇宙變得更冷。氫氣和氦氣的原子因為引力而靠近，逐漸變成更大的團塊。氫原子們在這個團塊裡頭結合產生氫分子，形成分子雲（Molecular Cloud）。分子雲內部形成了更高密度的核（分子雲核），而原始的恆星（原恆星，Protostar）就是由這個高密度區誕生。

原恆星吸收周圍的星際氣體急速成長，變成宇宙第一批恆星。它們在超新星爆炸（可參考P92）發生後，結束了短暫的生命，不過又藉著爆炸散布在宇宙空間中的物質，誕生出下一批恆星。

這樣不斷反覆之下，恆星逐漸增加，它們因彼此的引力互相牽引形成星系，這就是最早的星系。

還沒找到最早期的星星

宇宙第一批誕生的星星是由最早存在於宇宙中的氫和氦所構成，應該不含碳與鐵等重元素成分。恆星的成分可透過觀測該星放出的光芒進行分析，不過目前還沒找到由氫和氦構成的恆星。

另外我們也還沒找到原始星系。不過根據昴星團望遠鏡和哈柏太空望遠鏡的觀測，可找出大多數星系均位在距離地球超過125億光年的地方。它們的直徑約4000光年左右，相當於我們銀河系的25分之1，並可知道這些星系內仍不斷誕生新的星星。從宇宙誕生到大約10億年這段期間，宇宙充滿了這類最早期的恆星及原始星系。

宇宙小知識 2006年昴星團望遠鏡發現了在宇宙誕生後約7億8千萬年時誕生的星系。由此可知在那之前，星系已經在醞釀誕生了。

●恆星的形成

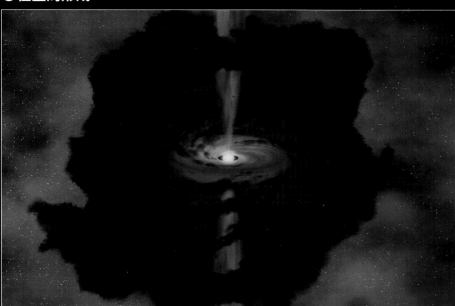

氫分子形成分子雲，內部產生高密度的分子雲核，原恆星於焉誕生。接著它吸收周圍的星際氣體急速成長，成為宇宙第一批恆星。

●最早期的星系

昴星團望遠鏡捕捉到128億8千萬年前的星系10K-1。雖然無法得知最早的星系形成的時期，不過至少可確定它們是在宇宙誕生後到約8億年為止，這段時間內誕生。

●最早期的恆星

這是在距離地球約131億光年處觀測到、最早期的伽瑪射線爆（Gamma Ray Burst, GRB，又稱伽瑪爆。是大質量恆星瀕死前引發的大爆炸）。一般認為這是黑暗時期誕生的第一批恆星的殘跡。

【宇宙演化Album4】
大尺度結構完成

星系在反覆撞擊與結合中成長，完成大尺度結構。誕生後10億年到現在，是宇宙演化史的最後一頁。

宇宙大尺度結構完成

一般認為宇宙誕生後約9億年之間誕生的最早期星系，因為星系彼此的引力吸引，反覆撞擊與結合之後，在接下來的數十億到100億年之間成長到現在的大小，最後星系集結成星系團或星系群等巨型星系，或形成直徑超過1億光年的大型超空洞等宇宙大尺度結構。

關於形成的步驟有2種說法。一是存在於宇宙空間的物質產生恆星，恆星集合成星系，星系集合成星系團或星系群，進而組成超星系團，也就是由下向上（Bottom-up）的流程。另一種說法是，最初先產生大尺度結構的巨大氣體團塊之後，超星系團才分裂為星系團和星系群等。

宇宙的歷史約137億年

這2種劇本哪一種正確，目前還不清楚。一般認為影響星系運動的並非星系本身的引力，應該是占宇宙質量大部分的暗物質，因此形成大尺度結構的劇本可能會根據今後的研究而更動（可參考P74）。

另外，也有人認為我們的銀河系是由最早期的小型星系花費100億年以上時間演化而成。而在演化過程中，到了宇宙誕生約90億年左右時，銀河系中心之外的地方誕生了太陽系，地球也幾乎在此同時誕生。

宇宙誕生至今大約過了137億年，這是WMAP衛星等根據宇宙微波背景輻射的資料等計算得到的數值，誤差大約在2億年左右。

宇宙小知識 我們銀河系的年齡約是136億年。銀河系是星系誕生時期初期產生的原始星系演化而來。

●從宇宙誕生到現在

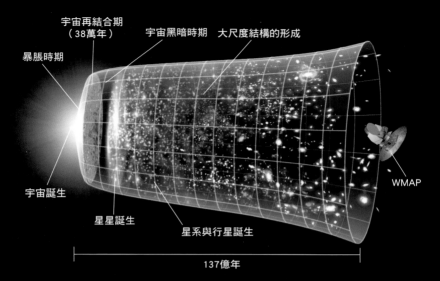

宇宙再結合期
（38萬年）

宇宙黑暗時期　大尺度結構的形成

暴脹時期

宇宙誕生

WMAP

星星誕生

星系與行星誕生

137億年

宇宙誕生後經歷暴脹時期與再結合期，誕生出恆星與星系，完成大尺度結構。根據WMAP衛星觀測的結果，宇宙誕生至今大約經過137億年。

●星系的起源

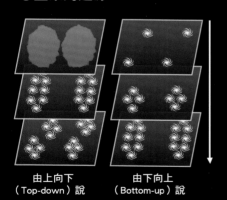

由上向下
（Top-down）說

由下向上
（Bottom-up）說

星系的形成有兩種說法，一是星系集合成星系團或星系群，再變成超星系團的由下向上說；另一種是先產生大尺度構造的巨大氣體團塊後，再由超星系團分裂成星系團和星系群的由上向下說。

●太陽系的誕生

原始太陽系的想像圖。銀河系是由小型星系耗費100億年以上的時間演化而成，而在宇宙誕生後90億年左右，太陽系誕生了，幾乎同時地球也誕生了。

來自宇宙盡頭的光

假設宇宙的年齡是137億年的話，起點在哪裡呢？我們現在仍在持續觀測，希望能找出更多與宇宙誕生有關的情報。

觀測130億年前的光

　　1光年表示光速前進1年行進的距離，因此位在1光年距離處傳來的光，是1年前發出的光芒。也因此當我們觀測相當遙遠的天體時，表示我們正看著古老的宇宙。

　　我們使用1990年升空的哈柏太空望遠鏡與昴星團望遠鏡等觀測更遙遠、也就是更靠近宇宙誕生時期的天體，不斷得到許多新發現，且能夠藉以得知宇宙剛誕生時的樣貌。

　　比方說，在1995年使用哈柏太空望遠鏡進行的深空探測計畫（Hubble Deep Field, HDF）之中，在大熊座極為狹窄的領域內，發現超過3000個距離地球120億光年的星系。接著經過幾次維修後，在2003年進行超深空探測（Hubble Ultra Deep Field, HUDF），並在距離地球約130億光年的地方發現了星系。

抵達宇宙盡頭的距離和時間

　　那麼，我們透過光等東西能觀測到的宇宙盡頭究竟有多遠呢？

　　一般來說，天體遠離的速度達到光速的地方，就是宇宙的盡頭。目前我們雖能夠透過宇宙再結合期剛結束時，也就是大約137億年前的光當作宇宙微波背景輻射進行觀測，發光的來源是距離我們約4000萬光年的空間，而且該光源雖然耗費了137億光年才被送到地球，但是發光的空間已經因為宇宙膨脹而遠離，估計它目前的所在位置應該是大約470億光年的地方。

　　當我們提到若干億光年處的天體在發光時，表示光是從該天體若干億年前所在的地點發出，不是從目前所在位置發出。也就是說，一般認為現在的宇宙盡頭是位在距離地球大約470億光年的地方。

宇宙小知識 透過觀測宇宙微波背景輻射可知宇宙大小的下限是780億光年。這個數字相當於宇宙的直徑，因為470億光年正好是宇宙的半徑，因此兩者並無矛盾。

●宇宙剛誕生時的星系

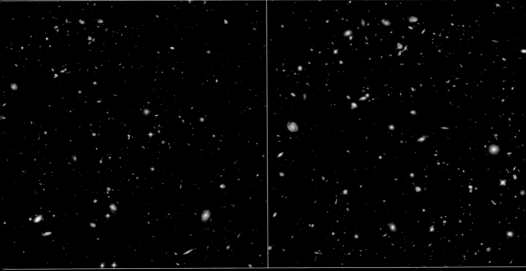

左邊是2003年進行哈柏超深空探測時觀測到、位在129億光年處的星系。右邊是2009年觀測到、位在131億光年處的星系。

●100億年多前的光送達

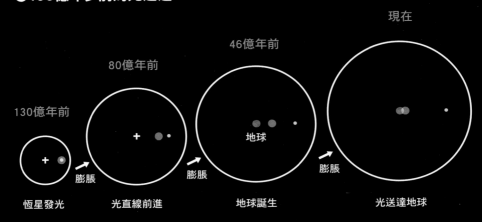

位在130億光年處的天體送來的光亮是130億年前所發出，不是該天體由目前所在地發出的光。現在觀測到最老的光（來自宇宙盡頭的光），是137億年前發出的光，但發光的地點因為宇宙膨脹的關係已經遠離，目前位在距離地球470億光年的地方。

宇宙構造形成的原因

宇宙初期非常均勻，為什麼要打造出現在的宇宙大尺度結構呢？這是目前宇宙論的最大謎團之一。

最早期宇宙中存在雜訊

宇宙中存在著大尺度結構，但另一方面，一般推論宇宙剛誕生時，所有物質及能量渾然一體，以極均勻的狀態存在。如果現在的宇宙是由均勻的最早期宇宙膨脹而成，為什麼會產生大尺度結構這類不均勻的構造呢？

一般認為其中一個原因是出自均勻的最早期宇宙中存在的極微小「雜訊」。所謂「雜訊」，就是在某個寬度之中，能量與密度值的平均所造成的不平均；當此雜訊因為宇宙膨脹而擴大時，就會變成物質上的不平均。WMAP衛星觀測到宇宙微波背景輻射中存在10萬分之1的雜訊，一般認為這就是最早期宇宙雜訊的殘跡。

打造大尺度結構的主角

但是計算結果顯示，光憑宇宙中普通物質的引力，就算花上120億年恐怕也無法完成大尺度結構，因此建造出目前大尺度結構的主角，一般認為是無法利用光觀測的物質（暗物質）。

構成現在宇宙的要素，是透過引力互相吸引的暗物質2成、擁有加速宇宙膨脹之斥力（反作用力）的暗能量約占7成以上，加上約只有4%的一般物質。一般認為因宇宙膨脹而擴大的最早期宇宙的雜訊，其實就是暗物質的雜訊，與時間一起受到引力影響而擴大，因此造成宇宙物質不均，進而誕生出星系和星系團，最後建立出大尺度結構。

宇宙小知識 根據觀測可以清楚得知最早期宇宙的雜訊及成長過程，不過關於雜訊的詳細性質，以及為什麼存在雜訊等等，目前仍不明朗。

●從雜訊到大尺度結構

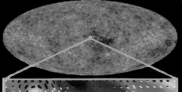

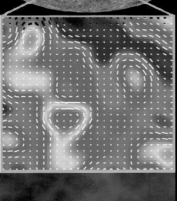

WMAP衛星觀測到的宇宙微波背景輻射的雜訊。紅色是高溫，藍色是低溫。

初期宇宙的雜訊表示物質不均。引力促使物質不均的情況更嚴重。

物質多的地方誕生出最早的恆星。

許多恆星誕生後聚集在一起，形成星系。

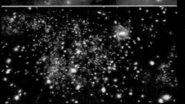

星系成長後，成為星系群或星系團，建立大尺度結構，完成現在宇宙的構造。

●宇宙構成的要素

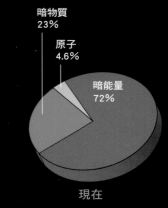

暗物質
23%

原子
4.6%

暗能量
72%

現在

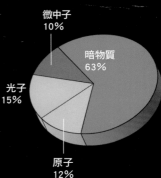

微中子
10%

暗物質
63%

光子
15%

原子
12%

137億年前
（宇宙誕生的38萬年後）

一般認為建立大尺度結構的主角，是占初期宇宙成分絕大多數的暗物質。因為宇宙膨脹而擴大的最早期宇宙雜訊，就是暗物質的雜訊，其也促使物質不均的情況擴大。

大霹靂理論是否正確？

大霹靂宇宙論是受到多數專家支持的學說，不過還有許多地方無法用這項理論解釋，仍繼續存在爭議。

大霹靂理論也存在問題

早期的大霹靂理論存在許多問題。比方說，從星系移動速度來思考大尺度結構的建立，必須花上600億年的時間，以及宇宙微波背景輻射的雜訊大小不足以建立大尺度結構等等。

暴脹理論解決了這些問題，也強化了大霹靂理論（可參考P62），不過仍留有尚未解決的問題。

舉例來說，暴脹理論認為宇宙整體96％的要素都是看不見的暗物質與暗能量，但是這些要素的存在終究只是假設，仍舊無法找出對應的粒子。

此外，大霹靂理論中預言的特殊次原子粒子「磁單極子」目前也尚未找到。

再加上近年來發現的巨大天體來自宇宙誕生的8億年後，也因此眾人開始對於主張「小型天體集結成長為大型天體」的大霹靂理論產生質疑。

大霹靂之外的宇宙論

與大霹靂無關的各種宇宙模型也因此被提出來討論。其中最有名的就是「穩恆態理論」（Steady State Theory），主張宇宙雖在膨脹，但因為不斷產生新物質，因此它的樣貌沒有改變，宇宙始終不變。

另外，也有說法主張宇宙中所有現象都受到導電性氣體「電漿」相當大的影響，除了引力之外，還存在著龐大電流及強力磁場，也就是「電漿宇宙論」（Plasma Universe）。

宇宙小知識 透過昴星團望遠鏡的觀測，可看到許多作為電漿宇宙論立論根據的、尺寸超過超星系團的絲狀構造大尺度結構，以及其附近的巨型氣體天體。

●尚未發現的暗物質

這是位在英仙座（Perseus）星系團的矮小星系。它位在強大引力作用的星系團中心，仍能保持球狀，沒有扭曲變形，據推測這是因為它外層有透明的暗物質包覆。即使存在這類證據，仍無法找到暗物質。

●巨大天體的存在

一般認為巨型氣體雲卑彌呼（Himoko）形成於大霹靂後的約8億年時，也是早期宇宙的產物。它的大小幾乎與銀河系的半徑相當，非常巨大，因此使得大眾對於主張「大型天體是由小型天體集結而成」的大霹靂理論產生質疑。

●電漿宇宙論

存在於宇宙中，內部有電流通過的絲狀構造（Filaments），多數已經過確認。這也是電漿宇宙論主張「巨大電流及強力磁場才是主導宇宙構造的主角」的根據之一。

宇宙正在加速膨脹？

宇宙誕生經過暴脹時期後，原本被認為緩慢持續膨脹的速度，可能會加快。

透過超新星可知道正在加速膨脹

使用哈柏常數，調查到達遠處星系的正確距離（可參考P58），希望得到更詳盡的答案，卻發現意外的事實，那就是宇宙正在加速膨脹。

大質量恆星迎向死亡時，會發生超新星爆炸現象。其中的Ia型超新星（Type Ia Supernova）爆炸時的光度（絕對星等）較均勻，因此能夠用來測定距離。當科學家透過觀測Ia型超新星，希望找出更正確的哈柏常數時，卻發現最近40～50億年間，宇宙膨脹的比例逐漸增大。

過去原本以為暴脹時期過後，宇宙膨脹的速度會因為宇宙中質量的引力而逐漸減慢。既然是加速進行的話，就必須查明促使它加速的原因是什麼。

原因是暗能量

目前能夠想到的原因就是暗能量。暗能量占整個宇宙的7成，因此很可能會隨著空間膨脹而增加。

另外，暗能量會產生斥力（反作用力）加速宇宙膨脹，並隨著膨脹而增加，但一般物質的量不會改變，因此宇宙膨脹的速度愈來愈快。

暗能量和暗物質相同，目前仍無法確認其存在，也找不出解開真面目的具體證據。但是，藉由過去人類用來解開宇宙構造的理論，卻又無法否定它的存在，因此它成為現代宇宙論最大的課題之一。

宇宙小知識 愛因斯坦在廣義相對論的方程式（愛因斯坦場方程式）中強行加入宇宙常數項（$\Lambda g\mu\nu$），因此也有想法認為暗能量就是相當於這個宇宙常數項。

●Ia型超新星

在NGC4526星系觀測到的Ia型超新星SN1994D。Ia型超新星非常明亮,最大時的絕對星等幾乎很平均,與視星等相比就能夠測出距離。分析這項距離和宿主星系的紅移後,即可找出星系退行的速度。

●由超新星可知膨脹正在加速

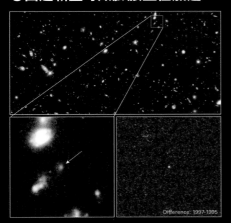

這是位在距離地球100億光年處的Ia型超新星SN1997ff。分析其他距離的幾個Ia型超新星後,會發現最近40~50億年間,宇宙正在加速膨脹,也暗示著促使加速的暗能量存在。右下是比較亮度後的結果。

●膨脹速度的變化

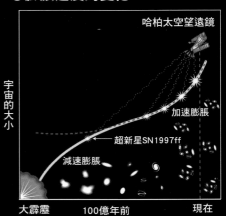

哈柏太空望遠鏡

宇宙的大小

加速膨脹

超新星SN1997ff

減速膨脹

大霹靂　　　100億年前　　　現在

黃色實線表示宇宙膨脹速度的變化,線上的星星是到目前為止觀測Ia型超新星的分析結果範例。由此可看出宇宙的膨脹比例逐漸擴大。超新星因為塵埃而變暗時,會產生紅色虛線所表示的變化。

宇宙的未來將會如何？

宇宙演化史在「現在」這一頁結束。我們能夠估計宇宙接下來會出現什麼變化？最後會變得如何嗎？

宇宙終結的3個劇本

宇宙膨脹到最後的結果，根據存在於宇宙的所有質量大小，可想出3種劇本。

一是質量非常小的時候，宇宙將無止盡膨脹，這樣的宇宙稱為「開放的宇宙」。第二種是相反的質量大時，宇宙總有一天會停止膨脹，並且因為引力而開始收縮，最後發生與大霹靂相反的「大坍縮」（Big Crunch），這就是「封閉的宇宙」。在這種情況下，收縮的宇宙將會再次發生大霹靂，不斷反覆，藉此循環延續宇宙的壽命，因此也稱作「循環宇宙論」。

第三種是介於前面兩者的中間。質量達到某個值時，膨脹雖減速但仍持續進行，並以無限的時間趨近於停止，稱作「平坦的宇宙」。

宇宙持續膨脹的話…

一般主流想法認為我們的宇宙近乎平坦。但如果是平坦的話，或許遙遠的將來，宇宙將會變成「熱寂」（Heat death）狀態。

所謂熱寂是指宇宙的熵（Entropy，熱能與物質的擴散幅度）達到最大值之後，所有物質將化為次原子粒子分散各處，所有場所的溫度將達到一致，進入無變化狀態。

另外也有想法認為，宇宙加速膨脹會剝除物質的構成要素，導致物質分解，最後將變成次原子粒子游離。這狀態稱作「大解體」（Big Rip）。

甚至還有一種說法認為，所有恆星將變成巨大的黑洞，吸入一切物質後，放出光芒蒸發，將宇宙變成沒有物質、只有光亮的空間。

宇宙小知識 循環宇宙論認為現在的宇宙並非最早的宇宙，已經經過50次循環。而發達的高智能生物則是循環到第50次的現在才首度發展完成。

●宇宙的3種存在方式及未來

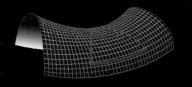

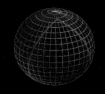

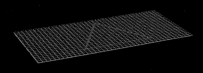

開放的宇宙
宇宙質量極小時，將無止盡地膨脹。

封閉的宇宙
宇宙質量大時，總有一天會停止膨脹，然後因為引力的關係開始收縮。

平坦的宇宙
宇宙的質量達到某個數值時，膨脹會減速並持續，且耗費無窮時間趨近於停止。

●宇宙的終結

大坍縮
步驟與大霹靂相反，宇宙因為引力的關係開始收縮。也有說法認為收縮後的宇宙將再度發生大霹靂。

無限膨脹
所有物質將回到次原子粒子狀態散布各處，所有場所的溫度也將變得一致，進入無變化狀態。

大解體
宇宙膨脹加速後，剝離了物質的構成要素，造成物質分解，最後變成次原子粒子逐漸游離。

都卜勒效應

遠離就會變紅

　　觀察活動中的點放出的波動，就會發現波形會根據該點的速度產生變化，這現象稱作「都卜勒效應」（Doppler Effect），可用來找出遠處星系的活動。

　　救護車經過面前時，我們會發現警笛聲靠近與遠離時不同。與聲波或光波（電磁波）等同性質的物體，也可根據發射源與觀測者之間的距離變化，產生都卜勒效應。如果是聲波，當聲源愈靠近時，波長愈短（頻率愈高），愈遠離時波長愈長（頻率愈低）。

　　如果是光波，即使觀測者移動，光仍會以固定速度傳送，因此光波的都卜勒效應波形會與聲音不同。將觀測者看到的光分解成光譜進行分析，就會發現出現的顏色整體來說不均勻。

　　哈柏在遙遠星系發現的紅移，就是根據都卜勒效應所衍生。發射源星系地處偏遠，因此光的波長偏紅色（長波長）。這個變化也與傳遞光波的速度有關，必須有每秒數百公里的超高速才能看到清楚的紅移（可參考P58）。相對來說音速較慢，所以能夠近身觀察到警笛變化的現象。

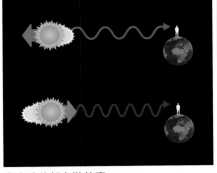

●光波的都卜勒效應
光的波長也會發生都卜勒效應。來自遠處的光源，波長看來呈現紅色（紅移），來自附近的光源，波長看來是藍色。

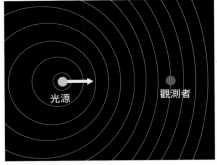

光源　　　　　　　　觀測者

●點移動時的波動幅度
光的速度雖不會改變，但是光源往右移動時，光源前方的波長會變短，後方會變長。

　　補充說明一點，科幻小說中常提到的星虹（Starbow）現象是指，在以近乎光速超高速移動的太空船上，觀看前方靠近過來的星星會呈現藍色，而往後方遠離的星星看來是紅色，側面則可看到星空如彩虹一般由紅色到藍色。當然這現象目前仍無法實際確認。

第 3 章

恆星與銀河的構造

——星星有生命——

宇宙廣大的空間從大範圍來看是均一的,但是仔細推敲就會發現,星系團與星系、恆星與行星,它們的質量極度失衡。在第1章與第2章中,我們看到宇宙的寬度及時間的廣度,在本章,我們將要思考存在於宇宙中的物質失衡。

恆星中發生的事

會自主發光的星星是恆星。恆星以什麼樣的構造發光？其內部正在發生什麼事？

內部發生核融合（或稱核聚變）反應

恆星大小尺寸眾多，但即使是小型恆星，也擁有超過地球數萬倍以上的龐大質量，其內部因為它引力造成的巨大壓力而發熱，高壓高熱引發核融合反應將氫變成氦，就是這能量促使恆星發光。

中心溫度達2千數百萬℃的恆星（太陽約1500萬℃）會發生質子－質子鏈反應（Proton-Proton Chain Reaction），使氫逐一合併為氦。高於這溫度的恆星則會發生碳氮氧循環（CNO cycle）；氫的原子核碰撞碳變成氮、產生氧、放出氦之後，又恢復到原本的碳。

這類反應的差異（核心溫度的差異）是來自恆星的大小和年齡。同樣的恆星也可能因為內部的氫用盡，核心溫度升高，而發生氦元素的核融合反應。更大更重的恆星則會有比氦更重的元素發生核融合反應。

內部的能量傳到表面

核融合能量產生於溫度最高的恆星核心區域，因此產生出的能量會變成擁有龐大能量的伽瑪射線往外側移動，這時候伽瑪射線必須通過恆星內部的電漿狀氣體，但電漿因為引力壓縮的關係，擁有極高密度（是地球上金屬的10倍以上），因此與伽瑪射線發生劇烈反應，抵銷它的能量，再藉由氣體對流把能量運到表面。根據推斷，要將核心區域產生的能量送抵表面時，假設是太陽的話，必須花上數十萬年。

宇宙小知識 一般認為太陽擁有的氫在核融合過程中大約要花上100億年才能夠燒完。太陽誕生至今約50億年左右，因此它仍能持續發光50億年。

●恆星內部發生核融合反應

〈質子－質子鏈反應〉

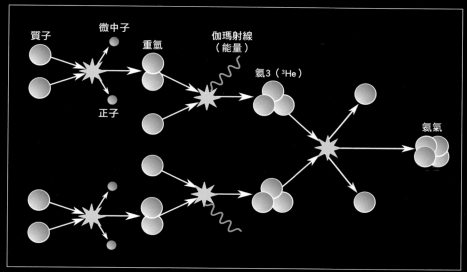

中心溫度2千幾百萬℃以下的恆星產生的核融合反應。氫彼此合併後產生氦。

〈碳氮氧循環〉

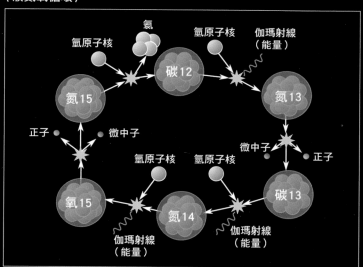

中心溫度2千幾百萬℃以上的恆星發生的核融合反應。氫的原子核撞擊碳之後產生氮，接著製造氧，最後產生氦，又回到碳。

恆星是如何誕生的？

恆星如何誕生？我們來看看太陽這顆標準恆星演變到穩定且持續發光的過程。

星際介質集結出原恆星

宇宙空間雖近乎真空狀態，其中仍散布著幾個種類的物質，這些稱作星際介質。它們大部分是氫。宇宙空間中有些地方的星際介質特別濃密，從地球看過去的話，這些星際介質會遮住恆星發出的光芒，因此觀測時稱它們是暗星雲。

這類星際介質濃密的區域附近只要發生超新星爆炸（可參考P92），星際介質就會被衝擊波壓縮，變成高密度的區域。

結果，這個區域的引力逐漸增大，拉近附近的星際介質，變成更大的團塊；物質一集結，引力的能量變成熱能使溫度上升，就會產生朝四周放射能量的原恆星。

獨立的恆星誕生

原恆星繼續凝聚周圍物質並收縮，提高內部溫度，這時來自四周的物質一邊旋轉一邊落入中央的原恆星，在原恆星四周聚集成圓盤狀，形成吸積盤（Accretion Disk）。而原恆星無法完全吸收的物質，則會急速朝圓盤的垂直方向射出，稱作噴流（Jet）。它經常與四周物質碰撞發光，這就是我們觀測到的「赫比格‧哈羅天體」（Herbig-Haro object，或HH天體）。

最後，恆星中央溫度超過大約1000萬℃時，氫開始發生核融合反應變成氦。核融合反應釋放出龐大能量推開物質並停止收縮，到此，稱為主序星的恆星於焉誕生。

宇宙小知識 拍攝到的宇宙照片中，經常可看見發出紅光的氣體狀構造，那是電離的氫（失去電子、變成離子的氫）在發光，此天體一般稱作電離氫區（H II 區）。

●暗星雲

暗星雲（分子雲）巴納德68（Barnard 68）。濃密的星際介質遮住背後恆星的光亮，使它看來像一片烏雲。這是恆星誕生的源頭。

●吸積盤和噴流

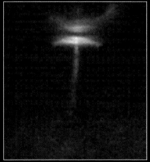

朝原恆星聚集的物質製造出螺旋狀的吸積盤，以及垂直吸積盤放射出的噴流。

●電離氫區（HII區）

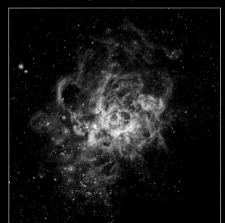

●原恆星的誕生

星際介質受到壓縮、引力變大後，會吸引周圍物質靠近，變成更大的團塊。物質聚在一起後，引力的能量轉變成熱能，產生朝四周釋放能量的原恆星。

●赫比格・哈羅天體

HH-47。原恆星釋出的噴流撞擊了四周的氣體雲和灰塵雲後發光，就成了我們觀測到的赫比格・哈羅天體。

巨大的電離氫區NGC604。其內部正活躍製造著新的恆星。新的恆星釋放出的大量紫外線，使周圍的氫電離後發出紅光。

85

透過顏色可知恆星的溫度

仔細觀察夜空中閃耀的星星，你會發現它們擁有各式各樣的亮度和色調。而能夠用來展現恆星個性的就是光譜。

顏色不同是因為溫度不同

天蠍座的主星心宿二是紅色，大犬座的天狼星是藍白色。星星的顏色之所以各有不同是由於星星的表面溫度。

比如說，白熾燈的電壓不足時，燈泡的鎢絲（發光部分）只會有些發紅；電壓充足時，就會發白發亮；而當電壓過大時，鎢絲會瞬間發出藍白光後斷裂。由此可知燈泡或恆星這類靠熱能發光的東西，均可藉由光的顏色判斷溫度。

要分析恆星光芒的顏色，可採用分光觀測，利用類似稜鏡功能的光學儀器把光分解成彩虹般的光譜。目前恆星的顏色分為O、B、A、F、G、K、M、L、T這9級。

藉由光譜可知恆星的大小

仔細分析恆星的光譜後，可發現裡頭包含許多特別明亮的線（輝線）以及黑暗的線（暗線），這些表示存在於恆星大氣中的物質因為恆星的能量，而釋放出特殊波長的光，或吸收特殊波長的光。太陽的光譜中存在著數百條暗線，這也成了調查太陽構造的線索。

藉著分析光譜線推斷恆星的大小及絕對星等，稱作「光度分類法」（即「約克光譜分類」（Yerkes Spectral Classification）或稱「MKK光度分類法」）。基本上有I、II、III、IV、V共5類，後來進一步擴大劃分後，加上VI、VII，因此一共7類。

根據此光度分類法，恆星被歸類為「AIII」或「MI」。

宇宙小知識 光譜內的暗線與最早進行此研究的德國物理學家夫朗和斐（Joseph von Fraunhofer，或寫做「弗勞恩霍夫」）有關，因此被稱作為「夫朗和斐譜線」（Fraunhofer lines）。

●恆星的光譜分類

類型	表面溫度（K）	恆星的顏色	代表性恆星
O	30,000～	藍色	參宿一（Alnitak）、 弧矢增二十二（Naos）
B	10,000～30,000	藍白色	參宿七（Rigel）、 角宿一（Spica）、 昴星團的星群（Pleiades）
A	7,500～10,000	白色	天狼星、織女一、 河鼓二（牛郎星）
F	6,000～7,500	黃白色	老人星（壽星，Canopus）、 南河三（Procyon）
G	5,200～6,000	黃色	太陽、五車二（Capella）
K	3,700～5,200	橙色	畢宿五（Aldebaran）、 大角星（Arcturus）
M	～3,700	紅色	心宿二、參宿四、 葛利斯581（Gliese 581）

●各類恆星的顏色

O型
參宿一

B型
昴星團的星群

A型
河鼓二（牛郎星）

F型
老人星

G型
太陽

K型
大角星

M型
葛利斯581

T型
棕矮星

恆星的一生

恆星穩定且持續發光，終於開始不穩定進入末期，最後迎向死亡。我們來看看恆星的一生。

恆星的壯年期是主序星

縱軸是恆星的光度（絕對星等），橫軸是光譜類型（表面溫度），這個表示恆星分布的圖稱作赫羅圖（Hertzsprung-Russel diagram, H-R diagram）。此圖可看出恆星由出生到死亡的變遷。

赫羅圖上的恆星大約可分為3類，第一類由圖左上到右下呈S形帶狀分布（主序帶），屬於不斷發生核融合反應，並持續穩定發光的「主序星」。太陽也屬於主序星，且位在主序帶正中央。第二類位在圖的上半部，並往右上移動，屬於低溫大型的巨星或超巨星。第三類集中在左下，屬於高溫小型的白矮星。

以原恆星姿態誕生的恆星會逐漸往右下移動，並以主序星身份度過壯年期。

恆星的一生因為質量而不同

恆星的氫經過核融合反應減少，而核心的氦增加後，恆星會開始變得不穩定。核心收縮升溫，恆星外部膨脹降溫，因此大多數的恆星變成了紅巨星。紅巨星的引力小，因此構成恆星的氣體開始朝周圍流出。

此時，恆星的質量若原本就小，將會因為氫用盡而變成白矮星。若恆星質量與太陽相當，內部會開始發生核融合反應，變成類似主序星的狀態。不過當外層開始不穩定時會成為變星，而當氦用盡時會變成白矮星。

恆星的質量如果在太陽的8倍以上，碳會率先變成更重的元素，發生核融合反應，持續發光，最後引發大爆炸死亡。

宇宙小知識 一般認為質量不到太陽一半的小質量恆星將由白矮星變成黑矮星之後迎向死亡，不過這要花上1000億年以上的時間，因此目前還沒找到具體例子。

●赫羅圖

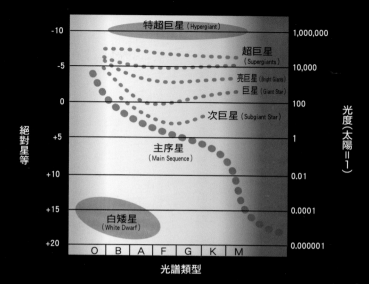

利用絕對星等與光譜類型標示的恆星分布圖。可看出恆星
由誕生到死亡的變遷。

●恆星的一生

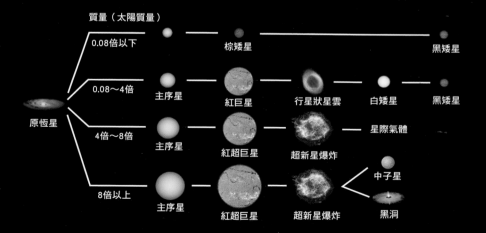

恆星的一生根據質量而不同。凝聚了大量物質的大質量恆星核融合反
應迅速，存在的時間較短，小質量恆星存在的時間較長。

恆星的各種發光方式

人類自古就知道恆星的亮度會改變，不過直到最近才比較了解詳細的變化結構。

造成亮度改變的構造

變星分為幾個種類，其中以兩星彼此靠近、互相遮掩的「食變星」（Eclipsing Stars，也稱「食雙星」），以及恆星大小會改變的「脈動變星」（Pulsating Variable Stars）最具代表性。

知名的食變星是英仙座的大陵五（Algol，或稱英仙座 β 星），其亮度週期約2.8日會達到最暗，有時會僅有中間稍微變暗。它其實是2顆在鄰近軌道上互繞的聯星，較暗的星（大陵五B）通過較亮的星（大陵五A）前面時亮度最暗；較暗的星繞到較亮的星後面時則是稍暗。

另一方面，脈動變星則是1顆恆星本身會發生亮度變化。比方說，鯨魚座Q型變星亮度週期約330天，有3～9等的變化。這是因為變星本身的漲縮改變了亮度。

反覆收縮膨脹的脈動變星

脈動變星收縮膨脹的原因在於內部不穩定。擁有太陽一半到8倍質量的恆星，只要氫一減少，核融合反應就會減弱而無法支撐引力造成收縮，這麼一來，內部溫度會上升，當超過1億℃時，會發生核融合反應將氦變成碳，成為紅巨星狀態。這時，遠離核心的外層開始收縮，促使內部的核融合反應再度增強、膨脹，不斷反覆，成為脈動變星。最有名的例子就是造父變星。

接著氦耗盡後，再度發生大幅度收縮，核心的碳發生核融合反應，溫度卻無法上升到8億℃，因此恆星膨脹變成超巨星。這時外層仍舊不穩定，最後變成和鯨魚座Q型變星一樣週期很長的脈動變星。

●食變星的構造

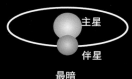

主星
伴星

最暗

最亮

稍暗

較暗的星通過較亮的星前面時最暗。較暗的星繞到較亮的
星後面時稍暗。

●脈動變星

哈柏太空望遠鏡捕捉到的脈動變星鯨魚座Q型變星。
週期約330日，亮度改變的幅度約100倍。反覆膨脹
收縮，因此形狀相當特殊。

●行星狀星雲

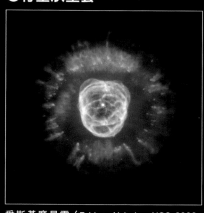

愛斯基摩星雲（Eskimo Nebula，NGC 2392，
亦稱小丑臉星雲）。類似太陽質量的恆星變成
脈動變星後，最後外層四散變成白矮星，而
露出在外會發光的氣體就是行星狀星雲。

●緊密雙星（Close Binary）

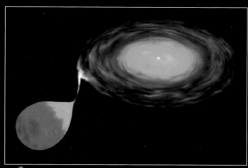

極度靠近的緊密雙星中，一側
恆星的物質會流入另一側，展
現出更複雜的亮度變化。

恆星戲劇性的結束

相較於一般恆星變成白矮星後平靜死去，大質量恆星迎接死亡的方式則充滿戲劇性。這是恆星的另一種死亡方式。

平靜的死與戲劇性的死

擁有太陽8倍以下質量的恆星變成紅巨星後，轉變成白矮星，這時它的內部不再發生製造熱能的核融合反應，因而逐漸冷卻，最後變成稱作黑矮星的冷暗恆星，結束它的一生。這是恆星平靜的死法。

另一方面，擁有太陽8倍以上質量的恆星沒有了氦之後，核心溫度超過8億℃時，會引起碳的核融合反應，產生氖（Ne）和鎂（Mg）。接下來會根據恆星的質量，面臨幾種戲劇性的死法。

質量約太陽10倍大的恆星會因為溫度上升引發原子分解，待內部壓力急速下降後，外圍物質因為引力的關係一口氣往中心墜落，這現象稱作「引力坍縮」（Gravitational Collapse，或稱重力塌縮）。

大爆炸迎向死亡

另外，超過太陽10倍以上質量的恆星核心溫度繼續上升，引發能夠製造出鐵等更重元素的核融合反應，當核心溫度超過100億℃後，核心的鐵吸收能量後分解成氦，引發光分解，又再度發生引力坍縮。

引力坍縮一發生，龐大的引力能量會被釋放，以猛烈的氣勢將所有物質撞開，使恆星變成全星系裡最明亮閃耀的超新星，這個現象稱為「超新星爆炸」。

質量約太陽20倍以下的恆星在引力坍縮時，會形成中心直徑約10公里左右、質量類似太陽的中子星。較重的恆星則會創造出擁有巨大引力的黑洞。

宇宙小知識 不到太陽8％的極輕恆星不會發生核融合，只會在剛誕生時發光，接著就變成黑暗的棕矮星。一般認為它有可能成為暗物質。

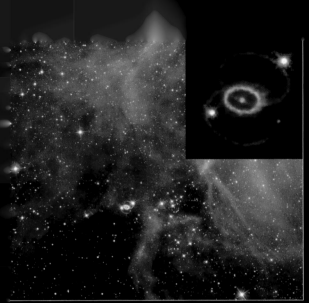

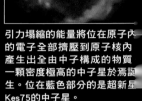

引力塌縮的能量將位在原子內的電子全部擠壓到原子核內產生出全由中子構成的物質，一顆密度極高的中子星於焉誕生。位在藍色部分的是超新星Kes75的中子星。

1987年大麥哲倫星系內發現的超新星SN1987A。發生爆炸時可看見它瞬間發光，因此被稱作新星，事實上這是恆星死亡時發生的現象。

●超新星爆炸

1054年出現的超新星殘骸金牛座蟹狀星雲（M1，或NGC 1952）。超新星即使爆炸後，仍會吸入星

●脈衝星（Pulsar）

蟹狀星雲釋放出的脈衝星。中子星高速旋轉，同時朝外面釋放電磁波（脈衝），因此稱為脈衝星。

物質環繞宇宙

宇宙誕生時創造出的元素幾乎是氫與氦。目前存在於宇宙的重元素（除了氫、氦以外的元素），則是恆星內部製造的東西。

重元素誕生自恆星之中

宇宙誕生後到再結合期之前這段時間出現了原子，不過時間相當短暫，只產生了氫與氦等極單純元素的原子（可參考P64）。

因此，宇宙最早誕生的恆星（第一批恆星）其構成原料應該只有氫和氦，不包含重元素。

一般認為這些第一批恆星擁有比太陽大10～100倍的質量。質量大，內部發生的核融合反應也會較為激烈，經過數百萬到數千萬年左右，就會發生超新星爆炸而飛散，這時在恆星內部被製造出的、比氦更重的物質也跟著散落到宇宙各地，成為第二批恆星的材料。

創造生命的超新星爆炸

質量是太陽8倍以上的恆星，核心溫度一旦超過8億℃就會產生氖和鎂，超過15億℃時會產生矽，超過25億℃就會產生鐵等。這些物質因為超新星爆炸而釋放到宇宙空間中。

另外，超新星爆炸時物質在超高溫、高能量的狀態下互起反應，因此創造出形形色色比鐵更重的元素。

被釋放到宇宙空間中的重元素再度集結為新的恆星。這時，聚集在恆星基礎的原恆星四周的物質，發展成類似地球的行星。生物存活不可或缺的重元素全來自超新星爆炸，因此也可以說我們是恆星的孩子。

宇宙小知識 事實上目前尚未發現只由氫與氦構成、不含重元素的第一批恆星。或許在遙遠星系中能夠找到。

●超新星的殘骸

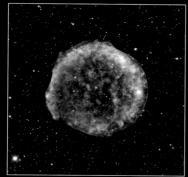

●製造行星的重元素

恆星內部產生鐵元素後，因為超新星爆炸而結合成比鐵還重的元素。它們散布在宇宙中變成星際氣體，進行物質循環。

這是超新星的殘骸Simeis 147(左上)與SN1572(第谷超新星的殘骸)。超新星爆炸時噴出的物質遇到衝擊波加熱而發光，一般認為這會持續數萬年。

●恆星的演化與物質的循環

超新星爆炸將重元素釋放到宇宙中，新的恆星出現時，又聚集起來變成地球等行星的起源。

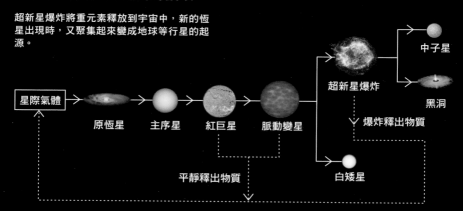

黑洞是什麼？

連光也無法逃脫的引力陷阱黑洞，是擁有巨大質量的恆星發生超新星爆炸後形成的。

連光也無法逃逸的巨大引力

想要甩開地球引力飛向宇宙的話，速度必須在每秒11.2公里以上才行。天體的質量愈大，或者距離天體愈靠近時，甩開引力的速度就必須愈快。也就是說，當龐大的質量被塞進小區域內時，想要甩開該地引力的話，速度必須超越光速，而這個連光也逃不掉的區域，就是黑洞。

大質量恆星發生超新星爆炸時，恆星核心部分的物質被往內側推擠，變成密度極大、直徑很小的天體。質量在太陽30倍以上的恆星，發生超新星爆炸時的規模，大約比質量為太陽10倍左右的恆星大上10倍以上。此時殘留在核心的天體，在超新星爆炸後仍持續收縮，成為黑洞。

看不見但可推測存在

連光都無法逃逸的黑洞區域半徑稱作「史瓦西半徑」（Schwarzschild Radius），它被用來表示黑洞的大小。以這個半徑畫出假想的球體後，球面就稱作「事界」（或事件視界，Event Horizon），其表示我們能了解的世界的邊境（亦即人類無法了解事界底下的東西）。黑洞的大小取決於質量，當質量與太陽相近時，黑洞半徑約3公里，與地球相近時，黑洞半徑約5公釐。

我們沒辦法看到黑洞本身，因此也無法進行觀測，不過能夠確認其存在。比方說，黑洞會藉著巨大引力扭曲周圍時空，因此位在它後面的星星看起來是扭曲的，這現象稱作「重力透鏡」（Gravitational Lens）。另外天體如果位在黑洞附近，天體運行會受到黑洞的引力影響。

宇宙小知識 史瓦西半徑是指把質量壓縮到讓恆星變成黑洞時的半徑。也就是把太陽壓縮到半徑3公里時，就會變成黑洞。

●黑洞的樣貌

這是黑洞想像圖。大質量恆星發生超新星爆炸時，恆星中央部分的物質被往內側擠壓，就會變成黑洞。黑洞擁有強大的引力，因此連光都逃不出來。

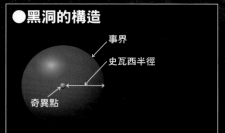

●黑洞的構造

事界
史瓦西半徑
奇異點

奇異點（Singularity）是當黑洞的引力與密度變得無限大時的中心。進入事界內側的物質絕對無法離開，連光也無法出來，因此沒辦法知道裡面是什麼情況。

●重力透鏡現象

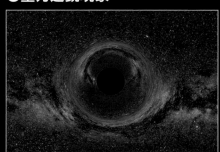

這是黑洞的變形影像。黑洞本身無法被看見，不過它周圍的時空會因為巨大引力而扭曲，因此位在它背後的星星看來是扭曲的。

●極超新星

質量約太陽數十倍大的恆星，在超新星爆炸後持續收縮，變成黑洞。在大規模超新星爆炸中觀測到的恆星又稱為極超新星（Hypernova）。

黑洞真正的模樣

黑洞可說是大質量恆星的屍骸，但事實上人類已經逐漸知道它是活動力相當頻繁旺盛的天體。

放出X射線的黑洞

黑洞會吸入周圍的物體，而被吸入的物體仍在活動，因此不會直接落入黑洞，會在黑洞四周像漩渦般繞行並逐漸被吸入。如果附近有其他恆星等存在，也就是周圍物質的數量較多時，物質會形成甜甜圈狀的吸積盤，互相碰撞升高溫度。當核心區域達到1000萬℃的高溫時，物質會釋放出高能量電磁波（X射線或伽瑪射線）。而負責提供這類物質的恆星與黑洞的聯星，就稱作「X射線雙星」（X-ray Binary）。

X射線雙星頻頻由吸積盤中央放出強力能量，以快過光速數%以上的超高速撞開部分集結過來的物質，這就是我們觀測到的噴流。

與伽瑪射線爆之間的關係

近年來透過人造衛星的觀測，我們看到擁有比X射線更高能量的伽瑪射線的爆炸現象，因此開始注意到它與黑洞之間的關係，該現象被稱作「伽瑪射線爆」（Gamma Ray Burst, GRB），1天之中會有幾次來自宇宙的伽瑪射線量突然增強，這情況大約會維持數秒到數小時。

關於引發這現象的原因目前還不清楚，不過當足以創造黑洞的大規模超新星爆炸（極超新星爆炸）發生時就會出現，因此一般認為原因可能來自以近乎光速的速度擴散的高溫噴流。無論如何，伽瑪射線爆現象與大規模超新星爆炸之間存在深厚的關係，可確定其源頭所在區域正在形成黑洞。

宇宙小知識 比較每1立方公分的重量可知地球是5.5克、太陽是1.4克、白矮星是1噸、中子星是5億噸、黑洞是200億噸。

●X射線雙星

黑洞接受雙星供應的物質及氣體，形成甜甜圈狀的吸積盤，並由核心區域釋放出超高速的強力能量。

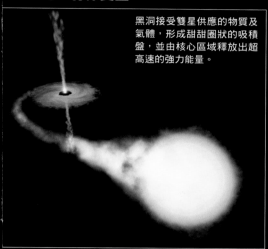

●伽瑪射線爆

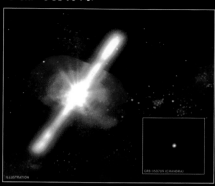

錢卓拉X射線太空望遠鏡捕捉到的伽瑪射線爆GRB050709及其想像圖。一般也把這當作黑洞誕生的證據。

●最有可能成為黑洞的候選人

天鵝座X-1（Cyg X-1）

約太陽30倍重的藍色超巨星「天鵝座X-1」的伴星被認為極有可能成為黑洞。如想像圖所示，它不斷被附近的天體拖行，而目的地可能就是黑洞。

螺旋星系的構造

在各式天體之中，螺旋星系的美麗總會吸引人注意。這構造是如何打造出來的呢？

暗物質創造星系

根據電波觀測可知，決定星系活動的不只是星星及星際介質，還包括擁有巨大質量的暗物質。

形成星系時，首先要匯聚暗物質，由此匯集到的物質會形成原始星系。接著原始星系經歷反覆衝撞、合併等複雜程序之後，逐漸變成圓盤或橢圓狀。

此時，如果已收縮物質旋轉速度非常快的話，圓盤會停止收縮，變成螺旋星系；旋轉速度較慢的話，則會變成橢圓星系。

這點已經透過遠方星系的觀測獲得證明。位在遠處的古老星系少有圓盤狀、橢圓狀、螺旋狀的構造，多半是不規則狀。

螺旋臂是旋轉的密度波

那麼，像我們銀河系這類巨型螺旋星系，又有著什麼樣的構造呢？

螺旋星系的螺旋臂上可看到聚集了眾多星星，這些星星並非停留在螺旋臂上。螺旋臂屬於引力較大的帶狀空間，靠近這區域的星星間隔會跟著變得較窄，星星的數量也比平均多出約5％，不過這些星星會不斷交替進出。

如果星系的螺旋臂是固定的物質構造，則會跟著星系旋轉被層層捲入。也就是說螺旋臂是在星系盤上方波動的密度波。螺旋臂的引力很大，因此會壓縮星際氣體等產生新星。

宇宙小知識　星系的星星不只是密集聚集在螺旋臂上，到處都分布著低溫的暗星。螺旋臂部分因為多半是明亮年輕的星星，因此格外醒目。

●美麗的螺旋星系

螺旋星系NGC4414。創造原始星系時，已收縮物質的旋轉速度非常快速的話，將會停止收縮，由圓盤變成螺旋星系。

●創造螺旋構造的密度波

螺旋臂是在星系盤上波動的密度波，屬於引力大的帶狀空間。這裡的星星比其他部分多，不過構成螺旋臂的星星事實上不斷交替。

●各種波長拍到的螺旋星系

由左到右依序分別是以複合式電波與紅外線、可見光、無線電波拍攝到的螺旋星系M81。根據1970年之後進行的電波觀測可知，決定星系活動的不只是星星與星際介質，也包括質量龐大的暗物質。

星系不斷變動

看來穩恆的星系意想不到地活躍，其中甚至有些星系會藉由激烈的活動影響周圍的宇宙空間。

碰撞的星系

　　絕大多數星系都在宇宙膨脹下逐漸遠離我們的銀河系。但是像星系團內部這類有聯星存在的區域內，星系則正靠著彼此的引力互相接近。位在銀河系隔壁的仙女座星系也正以每秒300公里的速度接近銀河系，根據預測2個星系大約會在30億年後碰撞、合併成一個巨大的橢圓星系。

　　這類星系的碰撞在宇宙中頻頻發生，也是因為星系的間距比恆星更靠近的關係。比方說，太陽與最靠近的南門二（半人馬座α星）之間，相隔大約太陽直徑的3億倍（約4.3光年），但是銀河系與仙女座星系的距離只相隔銀河系直徑的23倍（約230光年）。恆星雖不至於發生碰撞，但星系很容易互相碰撞。

劇烈活動的星系

　　星系一旦發生碰撞，就算恆星沒有互撞，也會造成暗物質合併。一般認為如此一來星系中會出現嚴重的密度不均，而陸續產生星星。

　　另一方面，有些星系本身也會引發異常活動。明明位在非常遙遠的地方，卻明亮閃耀的天體「類星體」（Quasar, QSO）就是其中一例。類星體的真正身份是位在星系核心、約太陽質量10萬倍到10億倍的巨型黑洞所釋放出來的強烈能量。

　　另外，直徑約1光年，中心會噴出各種電磁波與每秒數百到數千公里急速噴流的「西佛星系」（Seyfert Galaxies），也被認為是擁有同樣大質量黑洞的小型星系。

宇宙小知識 與一般星系不同、極度活躍的星系，稱作「活躍星系核」（Active Galactic Nucleus, AGN）。它們多數位在距離地球很遠的宇宙空間中，也就是分布在最早期宇宙裡。

●星系碰撞

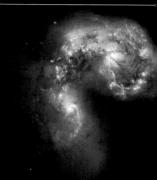

左圖的影像是NGC2207（左）與IC2163發生碰撞。右圖是碰撞中的星系NGC4038與
4039（觸鬚星系，或稱天線星系，Antennae Galaxies）。因為引力的影響而變形。

●星系碰撞引發星遽增

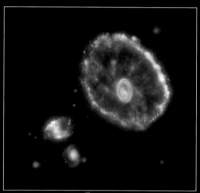

車輪星系
（Cartwheel
Galaxy）ESO350-
40。中央與星系
碰撞後，發生星
遽增（Starburst）
現象，陸續誕生
許多星星，形成
環狀結構。

●類星體

位在遠處、非常明亮的天體。
真正身份是遠方星系核心的巨
型黑洞釋放出的強烈能量。影
像中的是3C273。

●西佛星系

屬於活躍星系核，也是螺旋星系
之一的西佛星系NGC7742。一般
認為在它非常明亮的核心中存在
著大質量的黑洞。

●仙女座星系的碰撞痕跡

右下方的螺旋臂裂開一個洞，有說法認為那是遭附近星系碰撞的痕
跡。星系本身在遙遠的將來也將撞上其他星系。

103

星系演化

就像生物演化一樣，星系也會隨著時間改變結構。比較多數星系後，能夠分析出演化的情況。

星系的形狀就是演化的證據

哈柏根據形狀將星系分類（可參考P40）。他又進一步建立了「哈柏序列」（哈柏音叉圖），替星系訂定系統。

照圖上看來，哈柏認為橢圓星系由E0演化到E7之後，接著演化成透鏡狀星系，再分類為螺旋星系與棒旋星系。但是演化成為螺旋星系後，旋轉速度變得比橢圓星系更快，星際氣體的量變得更多，從這些即可得知兩者的性質明顯不同，因此確定這個演化過程錯誤。形成螺旋星系的確需要花上一定程度的時間，但橢圓星系並非是它的起點。

現階段尚未出現類似哈柏構思的完整星系演化系統。

星系確實在演化

但是我們可以確定星系正在演化。

比方說，構成星系元素的種類根據星系演化的程度而迥異。另外，質量小且無法抓住足夠星際介質的小型星系與大型星系之間，化學構造上應該也不同。這類變化屬於星系的化學演化，也被認為是用來思考星系發展構造的線索之一。

另外，新的恆星在星系內誕生後，恆星在星系質量中所占的比例會增加，星際氣體的比例會減少，又因為增加了藍色的新恆星，會使星系呈現亮藍色。相反地，星際氣體耗盡後沒有產生新恆星的話，恆星會年老變紅，因此星系呈現暗紅色。

宇宙小知識 比起獨立存在的星系，星系團內的星系演化較快，並趨向老化。或許與創造星系團的暗物質有關。

●哈柏的星系演化模型

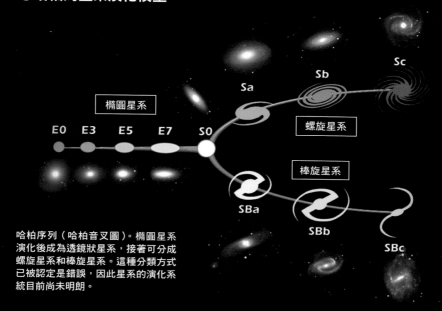

哈柏序列（哈柏音叉圖）。橢圓星系
演化後成為透鏡狀星系，接著可分成
螺旋星系和棒旋星系。這種分類方式
已被認定是錯誤，因此星系的演化系
統目前尚未明朗。

●由遠方星系開始探索演化

哈柏太空望遠鏡拍攝到位在距離約80億光年處的星系團MS1054-03。經常可拍到發生碰撞的
星系 ′它們多半是紅色的古老星系。再過去一點的星系團之中 許多藍色星系正頻頻誕生新星。

星系的核心有什麼？

原本被濃密的星際介質遮蓋看不見的銀河系核心，透過最近的觀測已經能夠清楚知道它的模樣了。

看見銀河系的核心

從地球觀看的話，銀河系的核心位在人馬座方向。這個核心被濃密的星際介質遮擋住光線，因此長期以來始終是個謎，直到最近使用紅外線進行觀測，才終於知道它的實際狀況。

銀河系正中央鼓起的核球中心附近，極度密集的聚集著星星與星際介質，屬於正在積極形成恆星的區域，其內部有個直徑約2000光年的核心星系盤。另外其內部存在雙重環狀的氣體雲，最中央的區域會朝上下噴出與銀河系星系盤垂直的噴流，長度約1萬光年。銀河系中心存在質量比太陽大300萬倍以上、直徑1.5天文單位的大質量黑洞，不斷把周圍的星星吞沒。

存在大質量黑洞

過去在銀河系中心方向曾經觀測到名叫人馬座A（Sagittarius A，Sgr A）的強力無線電波源，目前已知這個無線電波源由3個部分構成，而其中最小的人馬座A*無線電波源就是銀河系中央的黑洞。

這類位在星系中央的黑洞，不只我們的銀河系有，目前大多數星系中央同樣被發現存在大質量黑洞。

另外，大多數活躍星系核（可參考P102）會從位在中央的大質量黑洞射出強力X射線及電磁波。一般認為這些黑洞也和星系中央的黑洞一樣，附近存在甜甜圈狀的星際介質環。

宇宙小知識　銀河系的形狀長期以來一直被認為是螺旋星系，不過最近的研究發現其中央存在棒狀結構，因此知道它屬於棒旋星系。

●銀河系的中心

利用史匹哲太空望遠鏡的紅外線攝影機捕捉到的銀河系（銀河星系）中心。
中心區域濃密的星際介質遮住光線，因此無法從地球上觀測。

●人馬座A*

SGR A*

銀河系中央存在稱為人馬座A的強力無線電波源。
而人馬座A*（SgrA*）無線電波源一般被認為是

●大質量黑洞

不只有銀河系，多數星系中央均存在著大質量黑
洞。黑洞被籠罩在甜甜圈狀的氣體雲裡，朝垂直

利用大型粒子加速器創造宇宙

模擬大霹靂？

宇宙構造的研究，不只是直接觀測恆星和星系等天體，目前也透過實驗重現大霹靂剛發生的狀態，企圖找出成為暗物質的粒子及暗能量的真面目。

在地球上進行的宇宙研究實驗中，規模最大的就是粒子對撞實驗。內容是利用大型粒子加速器，讓物質以接近光速的速度互相撞擊，製造出與大霹靂一樣的超高能量狀態，目的在於藉由分析人工大霹靂實驗中噴出的各式粒子，解開人類多年來懷抱的疑問──物質如何誕生？

歐洲核子研究組織（CERN）於2008年啟用的大型強子對撞器（LHC）成功將質子束加速到前所未有的最大能量，眾人期待能夠得到新發現。

LHC的主體設置在瑞士與法國國境附近的地底下100公尺處，是全長27公里的環狀隧道。將隧道內部保持真空，電子、質子等密封在高溫狀態，透過巨型電磁鐵的力量使它們加速對撞。

對撞時的相對速度近乎光速，因

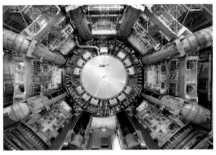

●大型粒子加速器
隧道狀的LHC強子對撞器與超導環場探測器（A Toroidal LHC ApparatuS, ATLAS），目的是重現大霹靂狀態，解開宇宙誕生之謎。

此有人誤解會產生黑洞。就算產生黑洞也只是一瞬間，一般認為不至於把地球吞沒。

另外，為了製造出能量更高的狀態，目前也計畫利用直線加速器（Linear Accelerator, Linac）在全長數十公里的直線型隧道進行對撞實驗。

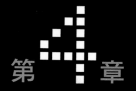

思考宇宙及生命
——我們是孤單的嗎？——

　　思考宇宙構造時不能忘的就是生物的存在。地球環境隨著生物演化同時在改變，相反地，宇宙也可能對生物演化帶來相當大的影響。但是我們目前尚未在地球之外的地方發現生物存在。除了地球以外，究竟是否有其他生物存在呢？

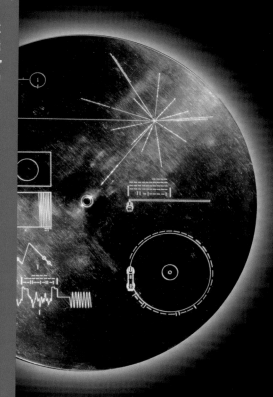

生物誕生自何處？

我們不清楚生物是否根據環境狀況自然誕生，不過仍持續討論生物誕生的條件存在於宇宙哪個區域。

能夠孕育生命的行星區域

如果沒有水的話，目前生活在地球上的無數生命全都無法生存。由這點推測，生命的誕生必須要有液態的水。

美國天文學家史屈維（Otto Struve）認為在行星系（行星環繞恆星四周的系統）中，行星的表面溫度進入能夠存在液體水的範圍時，此區域就有可能孕育生命。這領域稱作「適居帶」（Habitable Zone, HZ）。

除了水之外，生命誕生還需要各種條件，但只要有合適的行星存在於適居帶中，至少就可推測那地方很可能有液體水，也可能孕育生命。相反地，在適居帶之外的地方存在生物的可能性則極低。

星系中正好適合的範圍

適居帶根據行星系的恆星大小及種類而改變，恆星的輻射能量愈大，適居帶的位置距離恆星愈遠；相反地能量愈小則愈近。以太陽系來看的話，大約是位在0.97～1.39天文單位之間。

另一方面，星系之中也和行星系一樣，存在著有利於生命誕生的區域。創造地球型行星所必須的重元素愈靠近星系中心愈充足，而愈遠離星系中心愈少受到超新星爆炸及黑洞的影響，且能夠避開彗星或小行星的碰撞。另外還有一些不確定的要素，不過我們的太陽系距離星系核心大約2萬5000光年，這個區域存在許多誕生至今約40億～80億年的星星。

宇宙小知識 一般認為位於適居帶的行星必須屬於地球型行星才有可能孕育生命。如果行星表面是氣體和冰層覆蓋的話，則難以產生海洋等環境。

●行星系的適居帶

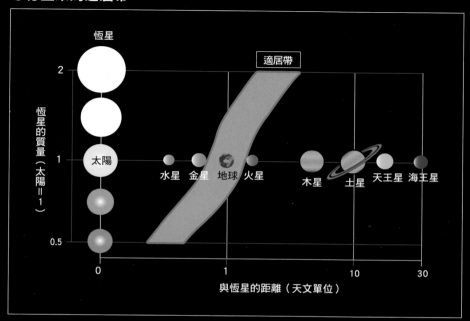

行星的表面溫度屬於能夠存在液體水的範圍時，這個地區就有可能孕育生命。以太陽系為例的話，大約是位在0.97～1.39天文單位之間。

●銀河系的適居帶

這是銀河系（銀河星系）適居帶的變動狀況。星系初期沒有足夠的重元素能夠創造行星，且容易受到超新星爆炸與隕石撞擊等影響（紅色部分）。重元素分散到銀河系外側、降低了超新星爆炸等危險後，適合生物生存的區域（綠色部分）就變廣了。

生命之母的太陽

生活在地球上的動植物與微生物多半仰賴太陽能量為生。對於生物來說不可或缺的太陽需要具備什麼條件？

孕育生命必備的穩定恆星

太陽是大約50億年前誕生的主序星，動態相當穩定。比太陽不穩定的恆星恐怕無法孕育出生命。而一般也認為宇宙最早形成的第一批恆星的行星上不存在生物，因為它們附近沒有生物必須的重元素。

再者，生命誕生的時機也很重要。原始行星與幼年期的行星沒有足夠時間孕育生命。相反地，老年期的紅巨星與白矮星等則是因為來自恆星的帶電粒子等太強，使得行星表面不適合孕育生命。

因此，若要在恆星的行星上孕育生命的話，恆星必須處於穩定的主序星時期才行。

用來孕育生命的時間

一般認為行星系剛誕生時，小天體會不斷互相撞擊，這種環境下不容易產生生物。恆星必須持續穩定直到行星系充分穩定，因此恆星必須能夠維持適居帶的存在。

恆星的質量愈大壽命愈短，太陽的壽命被認為有100億年，而擁有其2倍質量的恆星則大約只有13億年壽命，即使孕育出生物，大概還沒來得及擁有智慧就結束了。

因此，要在行星上孕育生命的話，恆星必須是位在光譜類型F～K中間左右、表面溫度4000～7000℃，且沒有黑洞等相伴的穩定主序星。一般認為符合這個條件的銀河系恆星約有5～10％左右。

宇宙小知識 來自太陽的能量（太陽常數）平均每1平方公尺約1366瓦特。即使地球到太陽之間的距離產生變動，每年的增減率仍只在0.1％左右，十分穩定。

●太陽的演化

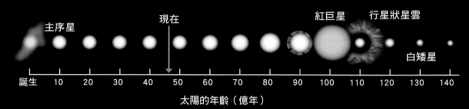

太陽是大約在50億年前誕生的主序星。活動穩定,屬於壽命頗長的恆星,因此適合孕育生命。

●巨大化的太陽

數十億年後的太陽會變成紅巨星,其半徑將膨脹到200倍。屆時適居帶將會配合恆星的演化,逐漸遠離恆星。

●阻礙生命誕生的隕石

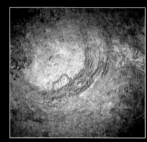

位在南非共和國的弗里德堡隕石坑(Vredefort Dome)是20億年前小行星撞擊地球的痕跡。行星系誕生之初,小行星不斷發生撞擊,因此難以孕育生命。

●太陽風

恆星釋出的帶電粒子流(電漿)被稱為星際風(Stellar Wind,太陽的星際風又稱太陽風)。老年期的紅巨星與白矮星等的星際風會變得更強。

地球的存在不可思議

思考宇宙生命時，地球的狀況究竟是特例，或者對宇宙來說是理所當然呢？

費米悖論

「宇宙中如果普遍存在高智生物的話，為什麼他們不來地球呢？」這疑問就是諾貝爾物理獎得主費米（Enrico Fermi）主張的費米悖論（Fermi paradox）。

宇宙中的恆星的確可謂無數，環繞這些恆星的行星之中，哪怕只有極少數，只要有哪顆行星上存在生物的話，整個宇宙內就應該有相當多數量的文明存在才是，但人類卻不曾找到證據證明其他天體上存在高智生物，或甚至存在生物。

這個問題的答案之一，被稱為地球殊異假說（Rare Earth Hypothesis）。此假說認為：「地球上生命的誕生與演化屬於宇宙中極為珍貴的現象，地球之外不存在高智生物的可能性很高」。

地球的殊異性

地球的確具備諸多殊異性。比方說能夠在大多是氫與氦的宇宙空間中集結不到2％的鐵、鎂和氧形成地球，同時地球的大小也相當絕妙，正好足以避免大氣逸散在宇宙中，加上核心是金屬液體，質量大到足以產生磁場，引力又小的可避免大量星際氣體靠近，各方面條件都配合得剛剛好。

另外，太陽也是配合得剛好；紫外線輻射的量，保護生物的臭氧層正好足以抵擋，且其強度也不至於殺死早期生物；太陽的大小正好能夠長時間持續穩定發光，支持生物誕生到演化成高智生物。

宇宙小知識 地球的殊異性對於地球型生物來說，就像是刻意安排好的。也有反對意見認為應該還有其他條件同樣正好適合生物誕生與演化的天體存在。

●地球的存在不可思議

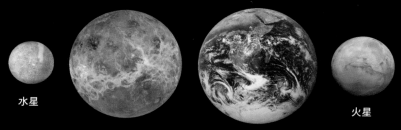

水星

金星　　　　　　地球

火星

在太陽系的地球型行星之中，地球的殊異性相當顯著。也有想法認為地球是為了孕育生命及演化高智生物而準備的搖籃。

●地球型行星的構造

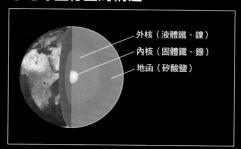

外核（液體鐵、鎳）
內核（固體鐵、鎳）
地函（矽酸鹽）

地球型行星在大多是氫和氦的宇宙空間中，擁有金屬核心，質量夠多到足以產生磁場。

●地球磁場與范艾倫輻射帶

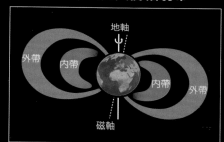

地軸

外帶　內帶　　　　　內帶　外帶

磁軸

地球磁場可防止來自太陽的帶電粒子（太陽風）送達地面。磁軸大約比地軸傾斜約11°。被地球磁場捕捉到的輻射帶稱為范艾倫輻射帶（Van Allen Radiation Belt）。

●保護生物的臭氧層

目前地球用來阻絕太陽紫外線、保護生命的臭氧層，是早期生物放出的氧氣經紫外線作用改變而來。

太陽系中存在其他生物嗎？

生命存在的可能性，幾乎在太陽系的行星探測中被否定。太陽系中除了地球之外，真的沒有其他生物了嗎？

火星可能存在生命

靠近太陽的水星和金星因為地表溫度過高，被認為無法存在生命。但是繞行在地球外側的火星上留下可能存在生命的痕跡。比方說，1996年判斷是來自火星的隕石中，找到了疑似生物的痕跡；在南極發現的ALH84001隕石上，找到類似細菌的管狀物體，以及被認為是生物製造的物質。

這些真的是生物的證據嗎？目前不得而知，不過根據火星探測器的調查可知，火星上存在過去曾有水流過的地形，以及因水產生的物質等，雖然是冰的形式，不過可確定有水存在。或許有細菌之類的生物。

令人充滿期待的外行星衛星

木星外側的行星，因為遠離太陽的關係，非常寒冷，表面上覆蓋氣體與冰，對生物來說屬於太過嚴苛的環境。

但是，這類大型行星有無數的衛星，其中有些衛星的環境被認為可能存在生物。比方說，木星的衛星歐羅巴（木衛二）、土星的衛星泰坦（土衛六）與恩克拉多斯（土衛二）上，一般期待存在液體水和海。

這些衛星無法受惠於太陽能量，不過巨大的行星引力能量使得岩盤扭曲生熱，因此也會發生和地球一樣的火山運動。許多研究學者認為，假如有生物能夠利用這些熱，就有可能孕育生命並演化。今後的探索值得期待。

宇宙小知識 地球最初的生物，是在沒有氧的環境中，透過發酵等取得能量。這類生物或許也能夠在地球之外的地方出現。

●來自火星的隕石

1996年在南極艾倫丘（Allan Hills）發現的隕石 ALH84001。

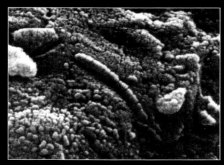

找到類似細菌的管狀物體（中央）（審訂註：遠小於地球上的細菌化石），以及被認為是生物創造的磁鐵礦。

●木星的衛星歐羅巴

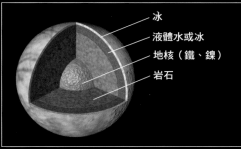

冰
液體水或冰
地核（鐵、鎳）
岩石

表面雖覆蓋著冰，但是學者認為其內部應該存在液體或冰之海。同屬木星衛星的甘尼米德（木衛三）與卡利斯多（木衛四）內部也被認為可能存在液體海洋。

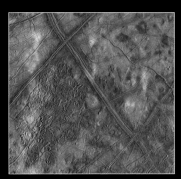

歐羅巴的表面。看來呈紅色的部分被認為是內部液體從表面冰層裂縫湧出後結凍的痕跡。

●土星的衛星泰坦

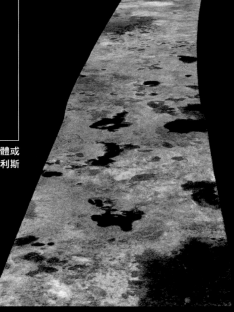

泰坦星上確定存在液體甲烷形成的河川、湖泊、河口三角洲等等與地球相似的地形。

117

搜尋系外行星

最有可能成為生物誕生場所的就是行星。在陸續找出的太陽系外行星之中，或許存在著適合生物存活的行星。

發現系外行星是90年代以後

太陽是宇宙中相當普遍的恆星，因此像太陽系這樣的行星系（系外行星系）在宇宙中也為數不少。但是行星無法自行發光，加上比恆星小，種種原因使得觀測行星極為困難，實際上必須花上很長一段時間才能夠找到。

1992年首次在距離太陽約980光年處的脈衝星「PSR B1257+12」附近找到第一顆行星，但是這顆脈衝星並非像太陽一樣是顆普通的主序星，而是被分類為中子星的特殊恆星。到目前為止已經發現它有3顆行星，不過因為它所在的行星系與太陽系環境差異甚大，令人懷疑是否有生物存在。後來總算在主序星附近找到行星（天馬座51號星），往後也陸續尋找中。

找尋系外行星的方法

有幾個方法可找尋系外行星，最基本的方法就是正確調查出恆星位置。擁有行星的恆星會因為引力而稍微偏離位置，如此就能夠知道行星的存在（天體測驗法）。另外也經常使用行星凌（Transit Method），也就是調查恆星亮度後，捕捉是否有行星通過恆星前面。

除了這些之外，還有找尋恆星的光因為行星的引力而集中，使它看來比實際明亮的重力透鏡法，以及當恆星屬於脈衝星時，透過電磁波的時間點偏移可查出有無行星存在（脈衝星計時法）。

另外我們也嘗試使用哈柏太空望遠鏡等捕捉系外行星（直接攝影法）。透過這方法也發現了許多正在產生行星系的原行星盤（Protoplanetary Disc）。

宇宙小知識 系外行星可分為靠近恆星的熱木星（Hot Jupiter）、細長橢圓軌道的離心木星（Eccentric Planet）、岩石構成的超級地球（Super-Earth），以及木星型行星共4種。

●最早的系外行星

最早發現的PSR B1257+12的行星想像圖。中子星（脈衝星）四周有3顆行星繞行。

●靠著搖擺找尋系外行星

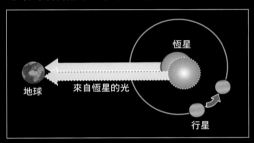

恆星

地球

來自恆星的光

行星

擁有行星的恆星會因為行星引力的關係，稍微改變位置或亮度，因此只要觀測位置或都卜勒效應的光譜變化，就能夠找到行星。

●行星凌

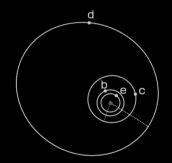

恆星

行星

來自恆星的光的亮度

原理是根據行星通過恆星前面時的亮度變化，找出行星。

●葛利斯581

距離太陽系20光年的紅矮星。到2009年為止已經發現4顆行星。

d

b e c

葛利斯581的行星公轉軌道。c、d、e這3顆行星由岩石和金屬構成，擁有地球數倍的質量，被分類為超級地球。d則位在適居帶。

透過行星凌找到系外行星的克卜勒太空望遠鏡。2009年啟用。

打造第二顆地球

將既存的行星環境透過人工改造，變成適合居住的生命之星，這就是外星環境地球化（Terraforming）計畫。

實現科幻小說點子

打造類似地球的行星之「外星環境地球化計畫」原本是科幻小說世界的點子，自從因為《COSMOS》等著作而聞名的美國天文學家卡爾·薩根（Carl Edward Sagan）在論文中提出以來，就受到科學家的討論。

基本上人類可由金星、火星開始著手，積極耕耘系外行星系也有的地球型行星，將它們改造成適合生物生存的狀態。

薩根當時思考的是如何改造金星，不過要降低金星地表500℃的溫度太費時，因此基於更現實的考量，眾人的目光集中在火星地球化計畫上。一般認為同樣技術應該也可運用在木星衛星等的改造上。

把火星變成地球

火星接收到的太陽能量比地球少，因此大氣稀薄，熱能容易散失在宇宙空間中，導致氣溫偏低，這是最大問題。要解決這點，必須溶解火星極冠上豐富的乾冰，增加大氣中的二氧化碳，藉暖化作用提高氣溫，這是最典型的計畫。氣溫一升高，火星表面的永凍土溶解，底下的冰就能夠變成液體水出現在地表，構成生物能夠居住的環境。更進一步的想法是打算將基因改良過的藻類帶上火星，增加火星大氣中的氧氣。

執行這些方法要花上1000年才能造出類似地球的環境，不過也有人估計大約300年左右，人類就能夠靠著簡便的裝備在上面活動了。

宇宙小知識 外星環境地球化計畫也可說是行星規模的環境破壞行動，不過也有想法認為地球化的技術可以反過來用來修復地球上被破壞的環境。

由岩漿凝固而成的岩石所覆蓋的荒涼火星地表。
這個荒涼的地表將變成綠意盎然的第二個地球。

●火星的大氣

地表氣壓約地球的100分之1以下，相當
稀薄，無法保持熱能，因此平均氣溫是－
60℃的低溫。

●火星的極冠

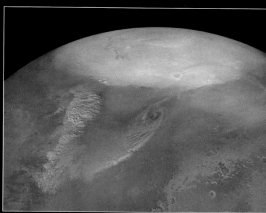

位在火星極地的極冠是水和二氧化碳凍結而成。
將它們溶解後，能夠增加大氣中的二氧化碳，提
高氣溫。

●外星環境地球化

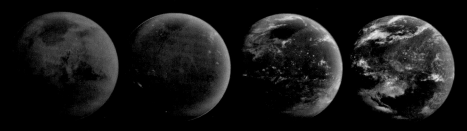

地球化的想像圖。一般認為要改造到人類能夠居住之前，必須花費相當長的時間。

太陽死掉的話該怎麼辦？

太陽的壽命據說還剩下50億年。遙遠的將來，當太陽年老之際，人類就必須踏上太空之旅了。

人類的目標轉向太陽系之外

從現在算起的十多億年後，太陽核心的核融合燃料氫將會消耗殆盡，改由較外側的氫開始進行核融合。太陽將膨脹變成紅巨星，吞沒水星與金星，而地球也將會暴露在極度高溫之中。大約30億年後，太陽將會變得更巨大，地球或許會因為它的高溫而蒸發。

如果人類能夠繼續存活到這個階段，就必須採取一些手段遠離太陽，否則無法生存下去。因此各種形式的恆星航行技術正在被討論。最早期的成果，是美國在50～60年代構思出、利用核動力推進太空船前往鄰近其他恆星的獵戶座計畫（Project Orion）；70年代有個由英國行星際學會（British Interplanetary Society, BIS）主導，搭乘核融合火箭前往的代達羅斯計畫（Project Daedalus）。

追求最有效率的推進方法

前往太陽系外的太空旅行移動距離太大，少不了有效率的高速技術，而其候補之一就是日本小行星探測器「隼鳥號」等也使用的離子推進器。其原理是將氣體電離後，利用電場力加速噴出推進。

另外，展開特殊極薄素材製作的「太陽帆」（或稱光帆），藉由光子或離子反射產生輻射壓推進，就能夠在幾乎不需要燃料的情況下航行恆星之間。

此外，人類也開始討論集結宇宙中的氫原子當作核融合燃料的星艦（渦輪噴射推進火箭），以及不是推進方法，而是替長時間旅行的人類進行人工冬眠的技術等科幻小說情節付諸實踐的可行性。

宇宙小知識 以數％光速的高速進行恆星間航行時，時間會變慢，因此回到地球時會發生浦島太郎效應。（註：意指太空旅行者沒有變老，而地球上已人事全非。）

●獵戶座計畫

核動力推進太空船利用核子彈連續引爆的反動力推進。估計140年後能夠抵達南門二。

●離子推進器

微量燃料變成電離氣體後，以電場力加速噴射。著陸在小行星系川上的探測器「隼鳥號」也使用這種引擎。

●太陽帆（光帆）

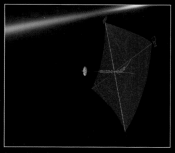

張開特殊極薄素材製成的帆，藉由光子或離子反射產生的輻射壓推進。幾乎不需要燃料，因此適合用在恆星間航行上。

●星艦（渦輪噴射推進火箭）

第一次使用離子推進器航行的彗星探測器「深空1號」（Deep Space 1）。

利用傘狀部分收集宇宙中的氫分子作為核融合燃料使用後，噴射高溫氣體前進。

123

生物演化與宇宙的關係

宇宙環境與地球上大不相同，因此經常被分開來思考。但是地球的生物一直都受到宇宙的影響。

宇宙帶來大量滅絕

地球是宇宙的一部分，因此地球上的生物演化也受到宇宙影響。最為人所知的說法就是地球上幾種生物滅絕的原因來自宇宙。

最有名的就是6500萬年前白堊紀末期發生的大量滅絕。直徑10公里左右的小天體（希克蘇魯伯隕石）碰撞到墨西哥猶加敦半島附近，噴出的塵埃等遮蔽陽光，造成地表急速冷卻，包括恐龍在內的地球上70％物種因此滅絕。

另一次造成所有物種85％消失的是約4億3500萬年前的奧陶紀—志留紀生物大滅絕（Ordovician-Silurian extinction）。一般認為是因為距離太陽系6000光年內發生超新星爆炸，強力的伽瑪射線爆襲擊地球所導致。

決定地球環境的宇宙構造

另一方面，目前的地球環境也受到宇宙構造的影響。比方說，地球在過去數百萬年之間，大約每10萬年就會輪流發生冰期與間冰期，稱為冰河時期。這與地球軌道因素的改變（米蘭科維奇循環，Milankovich cycles）有相當大的關係。

其他還有巨型彗星為地球帶來水等等，不少想法均認為來自宇宙的某些作用造就出生物生存必須的環境。

還有地球生命的起源就在宇宙的「外源說」（Panspermia，或稱胚種論、宇宙撒種論）。因為來自宇宙的隕石中發現胺基酸和糖等生物必須的有機物，因此這個假說認為生命本身，或者造成生物誕生的物質就是來自宇宙。

宇宙小知識 所謂冰河時期（冰河期），就是地球上出現冰河的時代。特別寒冷的時期稱為冰期，稍微溫暖的時期稱為間冰期，目前則相當於冰河時期的間冰期。

●隕石造成大量滅絕

6500萬年前的白堊紀末期，隕石碰撞造成地球急速冷卻，使得包含恐龍在內的70%物種滅絕。

●伽瑪射線爆造成大量滅絕

4億3500萬年前的奧陶紀末期引發的大量滅絕，是超新星爆炸帶來伽瑪射線爆所導致，據說大約85%的物種滅絕。

●米蘭科維奇循環

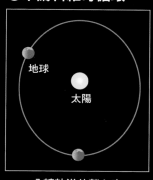

地球

太陽

公轉軌道的離心率

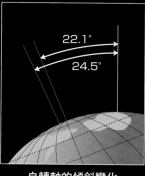

22.1°

24.5°

自轉軸的傾斜變化

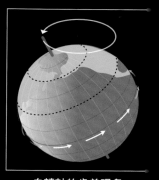

自轉軸的歲差現象

日射量因為地球公轉軌道的離心率（與圓軌道的偏離率）、自轉軸傾斜的週期變化，以及自轉軸的歲差現象（自轉軸的進動）這3點，每數萬年變動一次，也為地球環境帶來莫大影響。

宇宙中是否存在其他高智生物？

宇宙某處很可能存在類似細菌的生物。那麼，是否存在人類這樣的高智生物呢？

找尋高智生物發射的電波

探測地球外的高智生物始於20世紀中期。當時誤將來自脈衝星和類星體這類電波源天體的規律脈衝訊號，錯當是高智生物發出，因此展開大規模搜索。

最早的搜索是1960年開始的奧茲瑪計畫（Project Ozma）。內容是將美國國家電波天文台的電波望遠鏡對著距離地球約10.5光年近處的天倉五（鯨魚座T星）及天苑四這2顆恆星，以宇宙中含量最豐富的氫的無線電頻率（1420MHz）調查高智生物的訊號。耗費150小時觀測的結果，沒有得到任何來自地外文明的無線電訊息。

其它還有幾個類似的探測計畫，不過同樣沒有接收到來自未知高智生物的訊號。

送向宇宙的訊息

另一方面，我們也嘗試向地球之外的高智生物發送訊息。1974年科學家將DNA的構造及人類的模樣等轉換成1679個2進位數，對著武仙座的球狀星團M13（NGC 6205）發送無線電訊息，稱為阿雷西博信號（Arecibo Message）。

另外，目前朝太陽系外持續飛行的無人探測器上也載著記錄人類樣貌、太陽系樣子的訊息板，以及收錄各種語言問候語、音樂、地球影像的唱片。

提倡奧茲瑪計畫的德瑞克（Frank Donald Drake）博士利用「德瑞克公式」（Drake Equation）表示高智生物存在的可能性。根據幾個尚未解開的因素數值可知宇宙的高智生物數量有1～100萬以上。

宇宙小知識 如果能夠利用地球軌道半徑大的巨型球體覆蓋太陽，就可以創造出廣大的居住空間，這個球體叫做戴森球（Dyson Sphere）。具備高度文明的高智生物或許能夠辦到。

●阿雷西博信號

1974年對著武仙座球狀星團M13發送的訊息。圖上記載的是1～10的數字、DNA情報、人類的模樣、地球的人口、太陽系的樣子、阿雷西博電波望遠鏡的資訊等。由於位在2萬3500光年處，因此最快也要4萬7000年後才能收到回應。

發送訊息的阿雷西博天文台。這裡配備有世界最大的電波望遠鏡，與搜尋地外文明計畫（SETI）息息相關。

●給外星人的訊息板

先鋒號10號、11號探測器上搭載了記錄著人類樣貌與太陽系樣子的鍍金鋁板。

● 航 海 家 金 唱 片 （Voyager Golden Record）

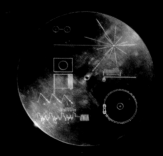

航海家1號、2號探測器上搭載著收錄各種語言問候語、音樂及地球影像的金屬唱片。底下是寫著播放方式的唱片封套。

●德瑞克公式

$N = R^* \times fp \times ne \times fl \times fi \times fc \times L$	
N	銀河系內可能與我們通訊的地外文明數量
R*	銀河系中恆星形成的速度
fp	擁有行星系的恆星比例
ne	一個恆星系中，位於可存在生物範圍內的行星平均數
fl	上述行星上實際存在生物的比例
fi	存在的生物演化為高智生物的比例
fc	該高智生物進行宇宙通訊的比例
L	能夠進行宇宙通訊的文明之預期壽命

SETI@home

在自己家中尋找地球之外的高智生物

波多黎各的阿雷西博天文台使用直徑305公尺、世界最大的單一固定式電波望遠鏡,接收來自宇宙的電波,找尋其中是否有來自高智生物的訊息。

但是收訊資料相當龐大,必須由電腦進行複雜的計算作業解析,相當費時,因此有人想到連接全世界的電腦一起來處理龐大的資料,這稱作「SETI@home」(Search for ExtraTerrestrial Intelligence at Home,在家搜尋地外文明)計畫。

想要參加這項計畫的人都可以透過網際網路將免費的資料解析軟體下載到自己的電腦中進行作業。該電腦不使用的時間會自動連上阿雷西博天文台,將電波望遠鏡取得的資料送進電腦中進行分析。因為不需要特殊技術,只要有電腦,人人都可以參與找尋地外高智生物,是個劃時代的計畫。

SETI@home計畫從1999年5月開始以來,全世界的參與超乎預期。參加成員之中不少熱衷人士為了提高分析量與速度,甚至準備了專屬的高性能電腦,也出現了互相競賽分析成果的社團。

目前雖尚未接收到來自高智生物

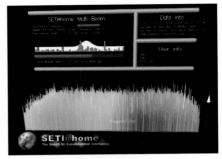

●SETI@home的數據解析畫面
這是啟動時的螢幕保護畫面。不使用電腦的時間就進行數據分析。
SETI@home官方網站的網址是
http://setiweb.ssl.berkeley.edu/index.php
軟體也可在官方網站上下載。同樣軟體還可選擇是否要同時分析SETI@home或者Einstein@Home等多筆對象。

的訊息,不過SETI@home已經進化成了不同形式的嶄新計畫,且目前仍延續著。

另外還有以同樣形式檢測重力波(可參考P132)的實驗,稱作Einstein@Home。為了紀念1905年愛因斯坦完成狹義相對論等劃時代論文,於是在100週年紀念的世界物理年(2005年)這年啟動了Einstein@Home計畫。

Einstein@Home計畫是分析美國LIGO(Laser Interferometer Gravitational wave Observatory)、英國與德國的GEO600等雷射干涉重力波天文台觀測脈衝星(中子星)時收集到的數據。廣義相對論預測重力波的存在,不過目前尚未出現直接觀測到的案例。

挑戰宇宙之謎
──最先進宇宙科學及宇宙論──

　　人類擁有智慧之時開始挑戰宇宙的謎團。其後，人類藉由全新的觀測技術，逐一解開這些謎團，同時又產生出更多的謎團。在本章，我們將探討目前擁有的觀測技術，以及今後將挑戰的謎團。

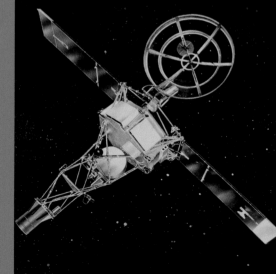

捕捉宇宙的樣貌

天文學原本是為了制定曆法或占星，而開始用眼睛觀察記錄星星。現在還利用上眼睛看不見的各種光進行觀測。

從肉眼觀測發展到望遠鏡

直到伽利略使用望遠鏡之前，天文學僅利用肉眼觀測。比方說與克卜勒行星運動定律（可參考P46）息息相關的第谷‧布拉赫進行精密行星位置觀測時，只使用簡單的四分儀（或稱象限儀）。能夠從星星位置計算時間的星盤（Astrolabe）也是以肉眼可見的星星為對象。接下來到了17世紀初發明了望遠鏡之後，帶來更多發現，但有很長一段時間，觀測範圍仍只限於眼睛能夠看見的光（可見光）。

進入20世紀，攝影技術運用到天體觀測上之後，情況為之一變。使用底片長時間曝光，就能夠觀測到肉眼無法看見的暗星，透過可見光之外的波長看到的宇宙模樣逐漸清晰。

抓住眼睛看不見的光

可見光只是電磁波中極小的一部分，在這範圍之外還存在著更龐大的、眼睛看不到的領域。

從1931年捕捉到來自銀河系核心的電波開始，利用電波望遠鏡的電波天文學急速發達，包括脈衝星在內的各式電波天體、宇宙微波背景輻射也因而被發現。

另外，利用航空器或人造衛星捕捉無法通過大氣層的短波長X射線及伽瑪射線，可找出中子星與黑洞引發的現象。

大氣層之外的觀測，具有不受到地球大氣雜訊影響等優點，因此可得到更高精密度的觀測結果。包括哈柏太空望遠鏡、觀測紅外線的史匹哲太空望遠鏡，以及錢卓拉X射線望遠鏡等均相當活躍。

宇宙小知識 ｜望遠鏡的口徑愈大，觀測的精密度愈高，與透過許多天線取得數據、進行綜合分析的電波天文學相比，能夠獲得的資料數量更龐大。

●四分儀

第谷‧布拉赫利用擁有巨大量角器及準星的壁面四分儀觀測天體。重點在於測出星星的位置。

●星盤

將觀測儀與計算裝置合而為一的機械。18世紀末用在觀測天體上。

●電磁波

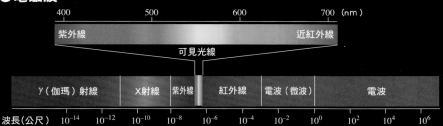

眼睛可看見的光（可見光）屬於極小的一部分，眼睛看不見的部分依波長可分為伽瑪射線、X射線、紫外線、紅外線、電波。長波長的電磁波會被大氣吸收，因此從地面上無法觀測。

●電波望遠鏡

設置在美國新墨西哥州的電波望遠鏡特大天線陣（Very Large Array, VLA）。因為電波天文學的發展，已經找到脈動星等電波天體及宇宙微波背景輻射。

●哈柏太空望遠鏡

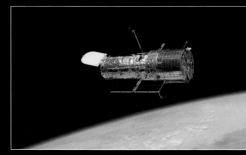

1990年送上軌道的哈柏太空望遠鏡。透過高精密度觀測，可找出各種關於宇宙構造的情報。

131

宇宙科學的新「眼」

來自宇宙的不是只有可見光線、電波等電磁波。目前也在觀測微中子與重力波。

捕捉來自超新星的次原子粒子

微中子是恆星內部發生核融合反應或超新星爆炸時釋出的次原子粒子，可提供恆星內部及超新星構造的線索。但是它幾乎不會和其他物質發生反應，穿透力甚至能夠貫穿地球，因此觀測上相當困難。

有鑑於此，人類想到了在地底下打造巨大水槽裝入大量的水，捕捉飛來的微中子偶爾與水中核子、電子碰撞的情況。於是1987年，設置在岐阜縣飛驒市神岡礦山內的微中子觀測裝置神岡偵測器領先全世界，第一個檢測出麥哲倫星系發生超新星爆炸時產生的微中子。我們能夠藉此檢視超新星爆炸理論模型的正確性等等，獲得莫大成果。

目標是重力波檢測的寶座

另一方面，超新星爆炸、中子星之間的碰撞或黑洞誕生等激烈現象，會造成引力巨大變化，產生時空扭曲。這項變化藉由重力波的形式，以光速朝周圍漫開，而能夠捕捉此現象的就是重力波望遠鏡。

其原理是利用雷射在2條互相垂直的光臂上往返，藉由捕捉2道光波差距的雷射干涉儀檢測重力波引起的時空扭曲。最具代表性的觀測裝置，就是美國的LIGO、日本的TAMA300與CLIO等。它們都擁有世界最高等級的檢測能力，不過目前均尚未成功捕捉到重力波。現在世界各國最關注的就是誰能夠率先檢測出重力波。

宇宙小知識 即使擁有最高檢測能力的觀測裝置，能夠捕捉到重力波的機率1000年也只有1次。可期待更高性能的新世代檢測器。

微中子不帶電，只對弱力與引力起反應，加上質量非常輕，因此極難檢測出來。照片中的是1996年啟用的後繼裝置「超級神岡」。性能大幅提昇，是世界最大的微中子望遠鏡。

●超新星SN19

1987年，日本神岡偵爆炸時釋放出微中子殘骸。

●地面望遠鏡

●雷射干涉重力波探測器

美國的雷射干涉重力波天文台LIGO。雷射在2條互相垂直的光臂中來回，並透過2道雷射抵達的時間差距捕捉重力波的波動。

地面上的望遠鏡也藉著去除大氣影響的補光技術等，將性能提升到能夠調查恆星的樣貌。照片中的是歐洲南天天文台（ESO）的特大望遠鏡（VLT）捕捉到的獵戶座參宿四。

探索宇宙

東西方冷戰時代急速發展的太空航行技術成為人類近距離觀測太陽系外天體、探索宇宙構造的重要工具。

觀測宇宙的科學衛星

　　人造衛星早期主要使用於軍事目的上，儘管如此仍獲得眾多科學成果。比方說為了追上人類第一顆人造衛星——蘇聯的史波尼克（Sputnik）1號，美國在1958年將探險者1號送上軌道，負責觀測地球周圍的輻射雜訊，期許能夠找出創造地球磁場的輻射帶（范艾倫輻射帶）。

　　當然也有不少人造衛星（科學衛星）原本的目的就是用在科學觀測上。運用在天文學研究上的科學衛星稱為太空望遠鏡，如前面提到過觀測紅外線的史匹哲太空望遠鏡、錢卓拉X射線望遠鏡、觀測到宇宙微波背景輻射的COBE及WMAP、觀測太陽的SOHO等。多虧有這些觀測衛星，我們對於宇宙構造才能有全新的了解。

靠近調查的宇宙探測器

　　另一方面，為了進行更詳細的觀測而送往宇宙、接近其他天體的，稱為宇宙探測器。1959年，蘇聯首次以地球之外的天體為目標發射的月球1號，已經成功到達距離月球表面約6000公里的地方。在這項月球計畫中，月球16號曾成功帶回月球表面的樣本。

　　除了前往月球之外，自60年代之後，探測器也開始探索其他天體。從探索木星、金星、火星的水手號計畫開始，包括成功探索木星與土星的先鋒10號、11號、航海家1號、2號、著陸火星進行詳細調查的火星探路者、送出小型探測器降落在土星衛星泰坦星上的卡西尼－惠更斯號等。因為這些探測器的活躍，使得近十多年來人類對於太陽系的知識大幅改變。

宇宙小知識　2006年升空的新視野號太空探測船（New Horizons）正在前往冥王星的途中，預定在2015～2016年進行冥王星及海王星外天體的探索。

●史波尼克1號

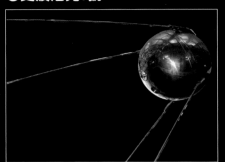

1957年升空的世界第一顆人造衛星。引發史波尼克效應，也啟動了美蘇的太空競賽。

●探險者1號

1958年升空。負責觀測地球周圍的輻射（宇宙射線），最大貢獻是找到了范艾倫輻射帶。

●太陽觀測衛星SOHO

1995年升空。進行太陽表面及太陽風的觀測。

●月球1號

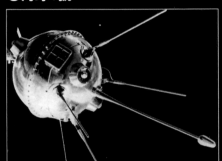

1959年升空。首次以地球之外的天體為目標，曾抵達距離月球表面約6000公里處。

●水手號2號

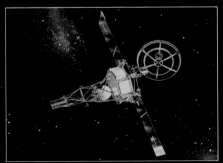

1962年升空的第一個行星探測器。曾經成功靠近金星。

●航海家2號

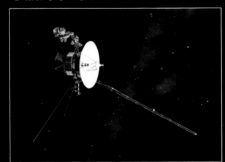

1977年升空。成功探索木星、土星、天王星、海王星。目前正在離開太陽系的路上。

邁向宇宙

贏過無人探測船的觀測方法，就是載人做太空飛行，直接進行觀測。挑戰宇宙未知領域可謂人類共通的夢想。

化學燃料火箭成本高

1961年，前蘇聯時代的尤里‧加加林成為全世界首位進入太空的人類以來，美蘇便不斷互相競爭、開發宇宙航行技術。其中最大的成果之一就是1969年阿波羅號太空船抵達月球表面。而最近的成就則是設置國際太空站（ISS）。

但是藉著使用化學燃料的一次性火箭進行太空航行，必須耗費龐大成本與資源，也需要極大規模的發射設備，因此目前沒有人能夠輕鬆前往太空航行。

NASA認為2015年之後，ISS的商業運輸將成為必須，而民間也開始經營太空旅行業務，因此應該能夠開發出新技術，使得太空飛行的成本更低、更簡單。

讓宇宙旅行變得容易

其中之一就是配備超音速燃燒衝壓引擎（Scramjet）、能夠超音速飛行的太空飛機（Spaceplane）。不是透過火箭，而是利用噴射引擎或超音速燃燒衝壓讓飛機升上高處，接下來再使用火箭引擎等飛向宇宙。這樣應該能夠大幅減少發射時所使用的燃料，不過一般認為執行上有困難。另外，火箭本身不脫離、只耗費燃料的單節火箭推進載具（Single-Stage-to-orbit, SSTO）也仍在討論中。

甚至有人提出使用與過去完全不同的太空電梯方式實現太空旅行。原理是由地表上建立軌道或纜線等通往宇宙，利用運輸機上下。奈米碳管（Carbon nanotube, CNT）等超高強度素材的開發，促使這點子有實現的可能。

宇宙小知識 太空電梯的概念，是人稱「太空旅行之父」的前蘇聯科學家齊奧爾科夫斯基（Konstantin Eduardovich Tsiolkovsky）於19世紀末構思，並記錄在自己的著作中。

對人類來說最偉大的躍進就是1969年7月阿波羅號太空船登陸月球。照片是老鷹號登月小艇與設置太陽風實驗裝置的太空人艾德林。

許多任務皆使用同一艘太空梭。這類可重複使用的太空往返飛行器也是太空飛行的成本對策之一。儘管如此，起飛時仍需要大規模的設備。

●國際太空站（ISS）

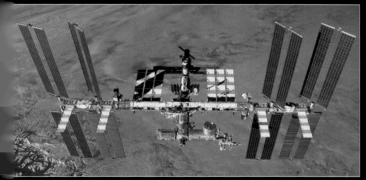

預定在2011年完成的巨型有人設施。投入15兆日圓巨額經費建設。關於內部構造可參考P180。

計畫原理是建造從地表通往宇宙的軌道或纜線等，讓運輸機上下。要突破的問題仍然很多，不過還是有實現的可能

●太空飛機

開發中的太空飛機實驗機X-37的想像圖。日本也在著手進行研究，不過因為技術和預算方面的問題，看來還需要很長一段時間才能夠實現。

●太空電梯

掌握時空的扭曲

一般人難以理解的相對論，就是思考宇宙構造時的基礎。它告訴我們什麼？

時間或空間改變

一般所謂的「相對論」是1905年問世的狹義相對論與1915～1916年發表的廣義相對論串連出的物理理論，內容歸納了時空與物質、能量關係。當速度、質量、引力等數值遠大於我們日常生活中使用的物理學（牛頓運動定律）時，相對論仍能夠用來好好解釋各種現象，因此也是探索宇宙構造時不可或缺的基礎。

要用一句話簡單說明相對論的內容很困難，不過筆者大膽地說，相對論就是分析所有現象時，不是以空間或時間為尺度，而是以光（與光前進的方式）為尺度去思考。把光當作基準時，空間及時間不再絕對，會出現相對性的變化。

重力波無法飛越時空

愛因斯坦將這理論整理成方程式（可參考右頁）。

此方程式表示引力的作用（時空的形狀）取決於物質及能量分布；相反地，物質及能量分布也能夠左右時空的形狀。

舉例來說，在某個擁有巨大質量的點附近時，時空的形狀會變得與周遭不同。事實上，在1919年的日全食現象中曾經觀測到，通過太陽附近的星光因為時空扭曲，而稍微偏離了實際位置。

進一步地說，引力場強大到連光都逃不掉的黑洞是否存在、重力波（引力的雜訊）是否以光速傳遞、在引力作用強大的空間裡，時間是否會變慢等等，都能夠藉由相對論導出答案。

宇宙小知識 相對論能夠說明牛頓運動定律無法解釋的水星公轉軌道偏移，這是因為太陽質量造成空間扭曲，其正確性獲得證實。

●愛因斯坦場方程式

$$R_{\mu v} - \frac{1}{2}g_{\mu v}R = \frac{8\pi G}{c^4}T_{\mu v}$$

左邊表示時間前進的方式改變或空間扭曲的時空曲率。

右邊表示時空扭曲的源頭，亦是能量和質量（應力－能量張量）。c是光速，π是圓周率，G是萬有引力常數。

也就是物質的能量乘上萬有引力常數後，就能夠得出時空扭曲的方式，表示物質與時空相互作用。

●時空扭曲

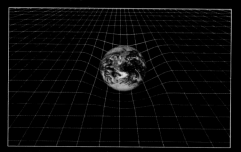

在某個巨大質量的點附近時，空間會扭曲。巨大質量天體創造的空間扭曲會連光也跟著扭曲。1919年的日全食上曾經實際觀測到通過太陽附近的星光，因為時空扭曲的關係而偏離實際位置的現象。

●相對論造成的現象

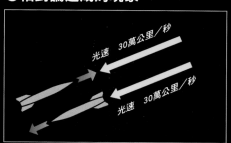

無論火箭朝向光源時，或者遠離時，光速經常保持在每秒30萬公里的速度不變。即使火箭朝向光源靠近，也不能把承受的光速加在火箭的速度上。相對論是將光的絕對動態套用在所有現象上進行分析時的標準。

●時空扭曲實驗

2002年6月～7月，地球、太陽及卡西尼－惠更斯號探測器幾乎排成一直線，通過太陽附近的光因為空間扭曲而彎曲、延遲了抵達時間，這點經由實驗能夠正確測出，再次證實相對論的正確性。

時光旅行可行嗎？

根據相對論，時間、空間與物質之間存在交互作用。那麼在同一個空間中，能否自由移動時間呢？

通往未來的時光旅行可能辦到

高速移動時，內部時間的推進速度會變慢。比方說，以近乎光速飛行的太空船內部的時間進行緩慢，周圍（或者出發點）的時間則進行較快，因此會發生不一致的狀況。這在某種意義上來說，屬於通往未來的單程時光旅行。這種通往未來的時光旅行，機率極小。

而關於通往過去的時光旅行，可能性尚在討論中。美國數理物理學家提普勒（Frank J. Tipler）曾在1974年發表，以超高速旋轉超高密度的筒狀物質，可造成時空扭曲，如此就能夠利用這點通往過去和未來（審訂註：該理論仍有爭議）。

利用蛀孔進行時光旅行？

一般認為存在於宇宙中的黑洞是吞沒周圍物質的區域，數學上則認為還存在著性質相反、專門吐出物質的區域（白洞）。而有想法認為，將這兩者連接在一起的就是「蛀孔」（Wormhole，又稱蟲洞）。

1988年美國理論物理學家基普‧索恩（Kip Stephen Thorne）發表利用蛀孔時光旅行的概念。只要能夠利用蛀孔，就能夠「瞬間」跳躍時空、移動到遠處；此外，將單側的出入口以近乎光速的速度移動，就可能回溯時間、前往過去。

當然，這假說必須建立在「時光旅行可行」的前提上，而且實踐上有困難。但是，以人類逐步弄懂了宇宙構造的聰明才智來說，相信不久的將來也能夠找到穿越時間的方法。

●速度與長度的關係

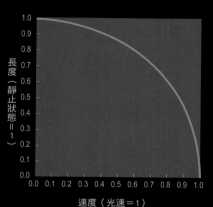

長度（靜止狀態＝1）

速度（光速＝1）

運動中的物體與長度的收縮關係如上圖所示。這個長度變化稱作勞侖茲變換（Lorentz Transformation）。

●通往未來的時光旅行

搭乘98%光速的太空船飛行時，長度變化是20%。太空船上的時間會比靜止的觀測者的時間延遲20%，因此等於正在進行未來時光旅行。假如搭乘的是光速飛行的太空船，則船上的時間不會前進。

●蛀孔

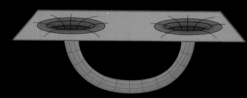

蛀孔連接吞沒周圍物質的黑洞及吐出物質的區域（白洞）。將單邊出入口以近乎光速的速度移動的話，或許就能夠回溯時間、回到過去。

●提普勒的時光機器

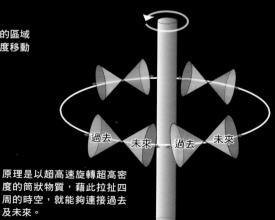

過去　未來　過去　未來

原理是以超高速旋轉超高密度的筒狀物質，藉此拉扯四周的時空，就能夠連接過去及未來。

宇宙中有什麼？

構成宇宙的是一般物質、暗物質、暗能量。首先來介紹占整體4%的一般物質。

物質加熱後會如何？

我們想像把一般物質的水加熱。水在0℃以下是固體（冰）。冰不斷受到熱能刺激，溫度上升，到達0℃就會開始溶解。完全溶解成液體（水）之後，溫度繼續上升到達100℃時，就會沸騰變成氣體（水蒸氣）。這個由固體到液體、液體到氣體的變化過程，就稱作「相變」。

將變成水蒸氣的水繼續加熱到2700℃左右的時候，水分子會分解成氫原子和氧原子。繼續加熱到1萬℃左右時，周圍的電子會脫離原子四散。

分解的粒子帶電，這狀態稱作電漿。

宇宙剛誕生時的物質樣貌

溫度繼續上升到達100億℃左右，構成原子核的質子和中子會被分解，繼續加熱到1兆℃時，質子和中子等的強子被迫與各自的構成基本粒子夸克分開（夸克・強子相變）。這就是宇宙誕生約1萬分之1秒時的狀態（可參考P62）。

溫度繼續上升的話，夸克與輕子混合，電磁力與弱力合併為電弱力（電弱相變）。接著電子與微中子也逐漸混合。

繼續下去的話，強力會被合併，引力會被合併，所有物質與力量變成一體，這就是宇宙誕生10^{-44}秒（普朗克時間）時物質的狀態。

宇宙小知識 目前透過實驗等產生出的能量，無法單獨取出構成強子的夸克。由此可知宇宙剛誕生時的能量狀態有多高。

●物質的構造

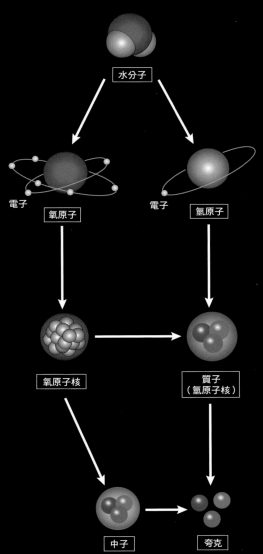

水分子

電子　氧原子

電子　氫原子

氧原子核

質子
（氫原子核）

中子　夸克

水加熱後，水分子會分解成氧原子和氫原子，進而分解成質子和中子，再分解成夸克。這就是宇宙物質歷史中的倒溯。宇宙物質經歷過多次相變

●力的發生過程

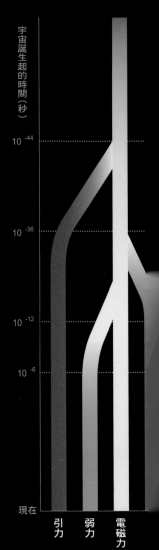

宇宙誕生起的時間（秒）

10^{-44}

10^{-36}

10^{-12}

10^{-6}

現在

引力　弱力　電磁力

溫度一上升，電磁力和弱力合併，與強力和引力合併後，所有物質隔了。宇宙中存在的力可參照P1

宇宙中「看不見的存在」

構成宇宙的要素之中，占最大部分的就是暗物質與暗能量。這是什麼樣的物質及能量呢？

暗物質確實存在

宇宙剛誕生時的大部分成分、且現在也占有約23％的就是暗物質。暗物質擁有質量、不會發光，一般認為是從宇宙剛誕生到現在持續穩定的物質。微中子、極小型黑洞、無法觀測的行星等都可能變成暗物質的成分，不過它的真面目至今仍是個謎。

但是，透過對重力透鏡的觀測等，我們幾乎算是能夠確實看到它的存在。觀測碰撞中的星系團1E 0657-56時也能夠得到直接證據。碰撞時，構成星系團的氣體受到空氣阻力般的力量影響而減速，不過暗物質不會產生引力之外的交互作用，因此碰撞仍繼續。我們能夠檢測出這個暗物質與可見物質正在分離。

產生斥力的暗能量

相對於以引力影響四周的暗物質，製造斥力（反作用力）的是暗能量。宇宙加速膨脹及大尺度結構的形成，一般認為都是暗能量的影響。

其真面目與暗物質一樣，目前仍不清楚，不過它被認為是宇宙誕生初期引發大霹靂的原因之一，因此有一說認為它是真空能量（Vacuum Energy）。把強力的伽瑪射線集中在一般認為是真空的空間中，成對產生出質子和反質子等粒子與反粒子後又對撞抵銷，釋放出伽瑪射線。這類真空狀態只能夠在非常短暫的時間內得到極少的能量，不過對於宇宙整體來說卻是正向能量。這就是真空能量。

宇宙小知識 透過宇宙微波背景輻射的觀測，可以在波江座方向找到低溫區域，藉由特大天線陣（VLA）的觀測可知那兒存在比一般大10倍以上的巨大空洞。

●暗物質的重力透鏡效果

星系團CI 0024+17的影像與利用重力透鏡效應計算出的暗物質分布（藍色部分）重疊。在星系團外側成環狀分布。

●暗物質存在的證據

碰撞中的星系團1E 0657-56。根據觀測能夠檢測出可見物質（粉紅色）與暗物質（藍色）呈現分離狀態。

●暗物質的3維分布

宇宙演化巡天觀測（Cosmic Evolution Survey, COSMOS）發現了暗物質的3維分布。由此可知暗物質也和星系一樣會形成大尺度結構。前面是鄰近我們的宇宙，右邊邊緣相當於距離80億光年的位置。

●巨大空洞

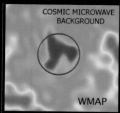
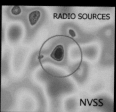

宇宙微波背景輻射觀測在波江座方向找到了冰點，分析後發現了直徑約10億光年的巨大空洞。一般認為是暗能量影響而形成。

●重力透鏡現象

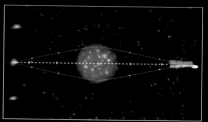

星系和類星體等發出的光芒，因為大質量天體的引力而彎曲，改走其他路徑抵達觀測點。從觀測點上看來，同樣的天體好像有2個。這個現象也是證明暗物質與暗能量存在的證據。

思考真空能量

如同物質會發生相變，宇宙在逐漸冷卻的過程中也會發生「真空相變」，或許這就是宇宙膨脹的原因。

真空也會相變

相變就是液體水變成固體冰，物質的狀態（相）在某個界線前後產生劇烈變化。宇宙的物質因為超高溫而呈現均一狀態，然後宇宙膨脹造成溫度下降後發生相變，成為目前的狀態。因此同樣的，物質存在的空間（真空）也被認為會發生相變。

真空並不是空無一物的空間，它擁有能量，膨脹的同時狀態也會發生改變。宇宙剛誕生時，高溫狀態的真空發生相變，所以變成了現在這個低溫狀態的真空宇宙空間。

更進一步地，高溫狀態的真空變成低溫狀態的真空，發生相變的同時，會釋放出龐大的能量，這也被認為是引發宇宙急速膨脹的原因。

加速中的宇宙膨脹

宇宙未來的發展根據存在的質量會出現「封閉的宇宙」、「開放的宇宙」、「平坦的宇宙」3種可能（可參考P78）。而根據觀測，宇宙中的斥力以暗能量的形式存在，約占所有能量的73％。將這些全部加總後，宇宙會因為膨脹而增大真空能量（暗能量），於是更進一步加速了膨脹速度。

在這個劇本中，過去的宇宙膨脹比現在和未來都要安穩，因此當時估計大約有100億年壽命，又依據後來的觀測修正成約137億年。也有說真空能量就是暗能量，不過它的真面目及存在均尚未明朗。

宇宙小知識 ┃ 平坦的宇宙中，抑制膨脹的質量與加速的暗能量總和必須為1，不過也出現了不一致的觀測結果，因此需要更精密的觀測。

●相變（水的相圖）

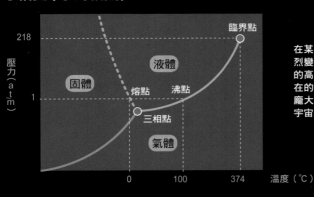

在某個界線前後，物質的狀態發生劇烈變化，這稱作相變。宇宙剛誕生時的高溫狀態真空也發生相變，變成現在的低溫狀態宇宙空間。相變伴隨著龐大的能量釋放，一般認為這會引起宇宙急遽膨脹。

●宇宙尺寸的變化與真空能量

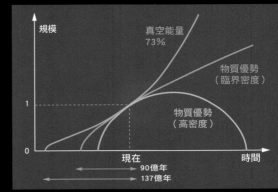

宇宙中，具有斥力的暗能量約占73%。宇宙膨脹，暗能量跟著增大，造成宇宙加速膨脹。

●探索暗能量

星系團Abell2029、MS2137、MS1137。分別距離地球10億光年、35億光年、67億光年。可透過分析其高溫氣體的分布等，探索40～50億年前加速膨脹原因的暗能量（真空能量）之謎。

宇宙的4力

宇宙中除了引力、電磁力等日常生活就知道的力量之外，還有2種力量構成物質。宇宙誕生時，這4力是統合為一體的。

宇宙存在的力量有4種

物質的構成要素是原子，原子是由原子核及周圍的電子構成，原子核由質子和中子等次原子粒子組合而成，而質子等則是由夸克構成。

這種微小的世界裡有2種我們感受不到的力量在作用。

一是在夸克彼此、質子或中子，或介子等被稱為強子的粒子之間作用的「強力」，以膠子為媒介。另外一種是促使粒子改變性質的「弱力」，以W－玻色子（W-Bosons）為媒介。

還有影響範圍更大、力量作用在帶電物質上、以光子為媒介的電磁力（電力與磁力），以及作用在擁有質量的物體上、以重力子為媒介的引力這2種。

以上4種會產生基本交互作用，是存在於宇宙的4種力量。除了這4種之外，再也沒有其他的力量存在。

力量統一促使宇宙誕生

這4種力在宇宙剛誕生時，指的全是同樣的東西。隨著宇宙溫度下降，首先分離出引力，接著是強力，最後是弱力和電磁力。

也就是說，只要有辦法解釋這些力量在什麼狀態下能夠統合，就有辦法解釋當時的宇宙狀態。事實上，電磁力與弱力合併後成為電弱力的原理已經找到。

這類邏輯性的研究叫做「統一場論」（unified field theory）。目前已能出現也許可以說明電弱力與強力合併的「大一統理論」（Grand Unification Theory, GUT）。

●基本的交互作用（4種力）

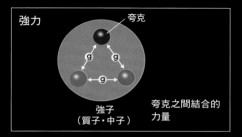

強力

夸克

強子
（質子・中子）

夸克之間結合的力量

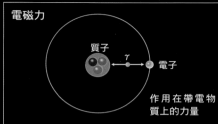

電磁力

質子

γ

電子

作用在帶電物質上的力量

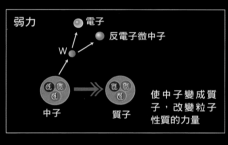

弱力

電子

反電子微中子

W

中子

質子

使中子變成質子，改變粒子性質的力量

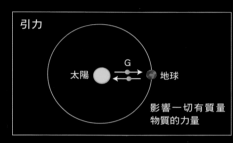

引力

太陽

G

地球

影響一切有質量物質的力量

力量名稱	影響範圍（公尺）	相對強度	當作力量媒介的規範玻色子
強力	10^{15}	10^{40}	膠子
電磁力	無限大	10^{38}	光子
弱力	10^{18}	10^{15}	W－玻色子
引力	無限大	1	重力子

各力量皆因規範玻色子而發揮作用。
引力的媒介重力子理論上存在，不過目前尚未發現。

●4種力的合併

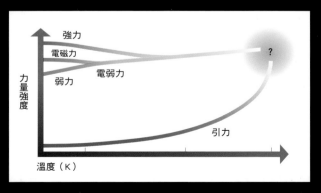

強力

電磁力

電弱力

弱力

引力

力量強度

溫度（K）

?

一般認為最先分解出來的是引力，再來是強力，最後分解出的是弱力和電磁力。電磁力和弱力合併變成電弱力的原理找到後，接下來應該可找到合併引力的「超大一統理論」。

「超弦理論」的宇宙

思考宇宙細部構造時，會發現還有其他無法解釋清楚的問題，由此急速發展出的宇宙論，就是弦理論（String Theory）與超弦理論（Superstring Theory）。

次原子粒子是弦

夸克等次原子粒子並非是0維的點粒子，而是擁有一定大小的1維「弦」（能量弦線），這是1970年南部陽一郎等人提出的「弦理論」。

根據這個想法為基礎，不只能夠避開原本設定基本粒子是「點」時，物理量變成無限大的問題（發散）之外，也可透過思考能量弦的震動狀態合理解釋次原子粒子的種類等，具有各式各樣的優點。

但是，只限於26維的高維度空間、會出現零質量的強子與超光速粒子等，缺點也不少。

而同時期出現的「量子色動力學」（Quantum Chromodynamics, QCD）也有許多優點，因此最早期的弦理論逐漸棄用。

死灰復燃的「超」弦理論

1984年，麥克·格林（Michael Boris Green）與約翰·席瓦茲（John H. Schwarz）將針對次原子粒子對稱性的「超對稱」（Supersymmetry）理論納入弦理論後，發表了包含引力在內的4力可合一的「超弦理論」。

過去的物理學上無法創造出統一的理論（量子引力理論），同時滿足解釋引力作用使用的「廣義相對論」，及解釋次原子粒子等物質在極小世界中引起現象的「量子力學」，不過超弦理論被認為很有機會，而一躍成為物理學界的焦點。

但是根據後來的研究發現，原本被認為已臻完美的超弦理論存在5種模式（5種不同的超弦理論）等問題。解決這些問題的全新理論，將在20世紀末登場。

●物質的最小單位是「弦」

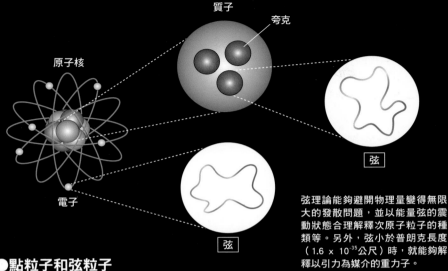

質子

夸克

原子核

電子

弦

弦

弦理論能夠避開物理量變得無限大的發散問題,並以能量弦的震動狀態合理解釋次原子粒子的種類等。另外,弦小於普朗克長度(1.6 × 10⁻³⁵公尺)時,就能夠解釋以引力為媒介的重力子。

●點粒子和弦粒子

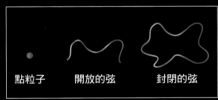

點粒子 開放的弦 封閉的弦

弦理論中,夸克等次原子粒子並非0維的點,而是擁有1維一定大小的「弦」。有開放的弦,也有封閉的弦。

●卡拉比─丘流形

超弦理論是時空的4維之外,再加上折疊成小於普朗克長度的無法知覺6維空間。這類能夠用電腦繪圖表現的空間,就稱作卡拉比─丘流形。

●量子色動力學

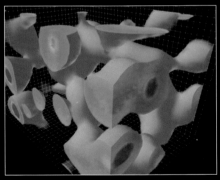

夸克擁有3種性質,性質間的組合促成膠子的作用,這就是合理解釋強力的理論。照片上是格子量子色動力學模擬分析飄動在格子分割的4維時空中的夸克情況。

時空有幾維？

超弦理論建立的10維宇宙究竟是什麼樣的東西？而我們的宇宙實際上有幾維呢？

統合超弦理論的M理論

同時解釋引力與電磁力而思考出的就是卡魯扎－克萊因理論（Kaluza - Klein theory，簡稱KK理論）。它假設4維時空中的1維（線）內部圓形中存在額外空間，能夠同時滿足廣義相對論，又能夠統合引力和電磁力。

這類時空的折疊稱為「時空凝縮」，被運用在超弦理論建立的10維時空中，問題是很難將之正確地數據化，因此衍生出5種類型的超弦理論。

這5種不同的類型展示的時空也存在相似的部分，因此有人認為可能是同一個理論的各種不同角度。而將這5種超弦理論整合後，1995年愛德華·維騰（Edward Witten）提出了「M理論」（M-theory）。

11維時空的M理論

維騰根據10維超弦理論的5種類型，以及過去被認為完美的11維超重力理論，藉由對偶性的數學計算，找出彼此之間的關聯。

M理論是假設物質最小單位不是弦，而是2維的膜（membrane），是比超弦理論多出1維的11維理論。因此理論更難透過正確的數據化證明。現在正以各種方式繼續進行研究，不過有想法認為或許這個M理論能夠掌握到的，也只是能量弦動態的其中一面。

但是，M理論由弦進入膜，引導我們解開隱藏在宇宙中更複雜的構造。

宇宙小知識 透過加速器的碰撞實驗確認弦的存在，能量必須在目前最高能量的10^{15}倍以上。而且要花上很長一段時間才能夠確認。

●時空凝縮

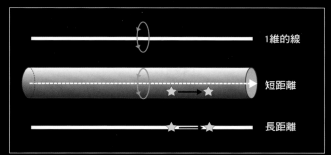

思考1維的線時，在短距離上看到的線看起來像★記號在平面上移動，而在長距離上觀察時，看起來就像是在1維直線上移動。凝縮的時空就像這樣，我們無法看見。

管狀的3維時空變得愈小時，看起來就像是0維的點。

●M理論

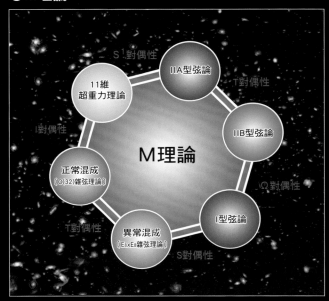

超弦理論的多樣性包括對應開放弦與封閉弦之「I型弦論」、只對應封閉弦的「IIA型弦論」、「IIB型弦論」、交疊幾個理論的「正常混成（O(32)雜弦理論）」、「異常混成（E₈×E₈雜弦理論）」這5類。

這5類與「11維超重力理論」利用對偶性找出關聯性，而這個統合理論就稱作「M理論」。

宇宙原本是什麼？

由假設物質最小單位是膜的M理論，衍生出認為宇宙是飄動在高維空間中的膜之膜宇宙學。

飄動在高維宇宙的膜

存在於我們宇宙的物質及力量，被封閉在更高維宇宙中的4維時空（3維空間＋時間）中。

比方說，高智生物居住在2維空間，他們便無法辨識也找不到3維世界。

因此我們能夠辨識的時空，假如是位在更高維宇宙中的膜，就無法感覺到膜外寬廣的空間（額外維度）。這種把時空假設為膜的想法，稱作膜宇宙學。

根據這種想法，我們能夠辨識的時空稱為「膜」，而額外維度存在的廣大區域就叫做「體」（Bulk）。

膜碰撞引發大霹靂？

膜宇宙學假設次原子粒子的弦兩側連接著膜，只有重力子是封閉的弦，因此能夠穿過膜行動。

4種力量之中，只有引力是非常弱的力量，這點阻礙了引力與其他力量統合，不過如果按照前面的想法，就能夠將「引力非常弱」解釋成「是為了能夠通過膜」。

現在有許多研究正運用這個想法進行中，比方說以膜運動解釋宇宙膨脹、解決暗能量問題等。另外也有想法認為，大霹靂是我們宇宙所在的膜與其他膜碰撞後引起。

宇宙小知識 膜宇宙學假說中認為重力子能夠到達其他宇宙，能夠超越維空間移動。因此超越時間的通訊應該有可能辦到。

●膜宇宙（Braneworld）

我們能夠辨識的時空，是位在更高維宇宙中的膜。所有次原子粒子均連接著弦兩端的膜。

●膜與體（Brane and Bulk）

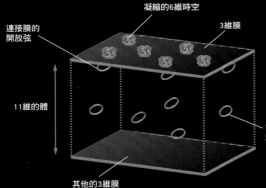

凝縮的6維時空

3維膜

連接膜的開放弦

11維的體

能夠在體內自由移動的封閉弦（重力子）

其他的3維膜

我們能夠辨識的時空稱為膜，在額外維度中的廣大領域稱為體。只有封閉弦（重力子）能夠穿過膜行動。有想法認為來自其他膜的重力子會變成暗物質。

●膜碰撞引發的大霹靂

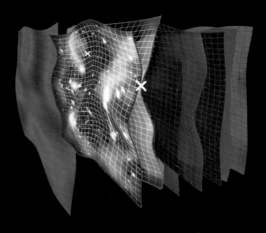

我們宇宙所在的膜與其它膜碰撞引起大霹靂的想法，稱作火宇宙（Ekpyrotic Universe）理論。

是否存在各式宇宙呢？

膜宇宙學假說提到我們的宇宙是飄動在高維空間的膜，那麼應該還存在其他膜宇宙才是。平行宇宙真的存在嗎？

宇宙也分成許多種

薛丁格（Erwin Schrödinger）提出一個思想實驗：在裝了貓的箱子中放入輻射物質、輻射測量計與氰酸岬氣體裝置，只要感應到輻射，就會產生氣體毒死貓。過了一段時間後，貓是死是活呢？如果輻射感應機率是50％，則生死機率也各為50％，也就是貓是又生又死的奇妙狀態。

量子力學的傳統解釋是根據觀測決定生死，因此觀測時會分離出好幾個宇宙，這就是「多世界理論」想法。觀測者無法看見分離的其他宇宙，這個宇宙讓所有結果只剩一個。

平行宇宙的可能性

多世界理論認為還有其他物理法則等與我們的世界相似、但事象結果不同的宇宙存在，也就是後來發展出的平行宇宙（Parallel universe）想法。

比方說，宇宙誕生時到處不斷發生的膨脹，也可認為是因為有無數其他宇宙存在。如果宇宙與物質的寬度無限的話，在我們宇宙之外的地方或許存在其他宇宙。於是一般認為，如同膜宇宙學的假設，假如我們的宇宙是飄動在高維度的膜，那麼應該也有其他許多同樣的膜宇宙存在。

這類平行宇宙中，說不定存在著與我們宇宙的物理法則完全迥異的宇宙。

●薛丁格的貓

在裝了貓的箱子裡放入輻射物質、輻射測量計與氰酸鉀氣體裝置，感應到輻射時，就會釋放氣體毒死貓。假設感應到輻射的機率是50％的話，生死機率也各占50％，則生與死均等且重合。

●量子力學上的多世界理論

根據觀測（選擇）宇宙可能有好幾個。觀測者無法看到其他幾個宇宙，而這個宇宙使得結果只剩下一個。

●多重宇宙（平行宇宙）

子宇宙

孫宇宙

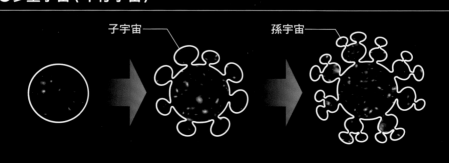

宇宙誕生時到處不斷發生膨脹的話，則可能有無數其他宇宙存在。那些宇宙或許擁有與我們宇宙完全不同的物理法則。

宇宙、地球與生命的存在理由

宇宙論最大的疑問就是，這個宇宙為什麼以這個形式存在？關於這個問題，有人想出些牽涉到人類存在的解釋。

宇宙奇妙的剛剛好

我們居住的這個宇宙之中，存在著無數相當奇妙的偶然。

比方說其中一個就是諾貝爾物理學獎得主保羅．狄拉克（Paul Adrien Maurice Dirac）提出的「大數假說」（large number hypothesis）。此假說發現宇宙的各式常數之中經常出現1040這個數字，因此認為這個宇宙非常特殊。

而且，要存在如太陽般穩定的恆星，引力常數必須正好是 $6.67259 \times 10^{-11}\text{N} \cdot \text{m}^2/\text{kg}^2$，無論在這數值以上或以下都找不到。

另外，這個宇宙空間不到3維的話，就無法產生出能夠存在複雜生物的構造。

再者，強力與電磁力的強度比例，也正好不會破壞原子核，並保持核融合反應處於不失控狀態。而宇宙誕生後的膨脹也以剛好的速度發生，只讓輕元素填滿宇宙。

這類例子不勝枚舉，這個宇宙的構造太適合孕育生命、發展智能了。

思考宇宙，想想人類

因此，發現了宇宙的人類與宇宙的誕生、形成之間存在某些

●大數假說

由各種常數求得的巨大數值	大約的數值
存在於宇宙中的粒子數	$10^{80} = (10^{40})^2$
宇宙的半徑／普朗克長度	$10^{60} = (10^{40})^{\frac{3}{2}}$
星星的質量／電子的質量	$10^{60} = (10^{40})^{\frac{3}{2}}$
宇宙的質量／質子的質量	$10^{80} = (10^{40})^2$

關聯，也就是說，這一切不是偶然，而是人類存在才能夠造成。這想法叫做「人擇原理」。

比方說，「思考宇宙構造時，必須考慮到人類的存在此一特殊條件」。思考宇宙年齡時，宇宙如果太年輕，則宇宙空間中的碳素等重元素不夠；宇宙如果太老，則穩定的恆星會消失。因此這個宇宙的年齡必須剛好能夠製造出我們，且我們有辦法知道前述的一切。甚至也有說法認為「就像人類無法觀測的宇宙等於不存在，同樣的，宇宙的構造必須使得生物能夠存在」。

但是人類是宇宙構造的一部份這點，不需要人擇原理也能夠知道。如此一來也出現了另一個想法，認為生命與人類的出現，不是因為宇宙物質與能量變遷造成的偶然，而是宇宙構造原本就包含了創造生命與人類的步驟。這個宇宙的構造不是配合生命與人類的存在，而是生命誕生與人類存在本來就納入了宇宙的構造裡。

因此，思考宇宙構造時，不能夠只解開宇宙狀態及歷史，從

●時空維數剛剛好

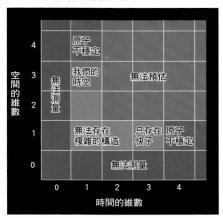

這個宇宙空間不到3維的話，複雜的生物無法存在，4維以上的話，原子會不穩定。

「宇宙為什麼存在？」到「人類是什麼樣的存在？做了什麼會有什麼變化？應該變成什麼樣子才好？」這類哲學領域為止，邏輯思考不斷延伸，這才叫思考。

找尋磁單極子

掌握宇宙誕生證據的次原子粒子

　　磁鐵上一定有N極和S極，它們無法單獨抽出來。但是一般認為宇宙剛誕生時存在單一的磁極。

　　磁單極子是只存在N極或S極性質的假設性次原子粒子。其存在雖由電磁學與量子力學導出，但目前仍尚未真正發現，因為宇宙剛誕生時的大一統時期（可參考P62）原本為數眾多的磁單極子，因為後來發生的宇宙膨脹而擴散、無法捕捉。

　　但是磁單極子是思考宇宙誕生時相當重要的證據，也有想法認為它就是目前尚未解開的暗物質真面目之一，再加上它與超弦理論中的「弦」形成、質子分解等息息相關，因此要了解宇宙構造就必須查明它的實際狀態。

　　目前關於磁單極子的探索正如火如荼地進行中。譬如說，設置大規模超傳導線圈，檢測磁單極子通過時產生的電流；或者利用粒子加速器進行高能碰撞實驗，嘗試找出其存在的痕跡等等。甚至超級神岡也在進行實驗，企圖檢測出磁單極子分解質子後出現的微中子。不過目前仍沒有任何結果能夠證實磁單極子的存在。

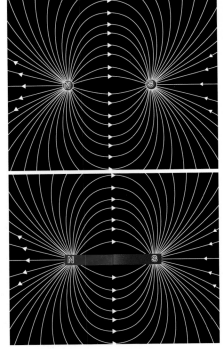

●雙磁場與磁單極子的想像圖
磁單極子是只擁有N極或S極性質的假設性次原子粒子。一般磁鐵應該和下圖一樣，具備N極與S極2種磁極，且無論怎麼細分也無法變成單磁極。

　　過去曾有人構思磁單極子裝置，打算捕捉磁單極子密封在磁區裡，用它促成燃料性物質的質子分解後取出能量。不過這個磁單極子裝置也只是想像中的產物。

■太空望遠鏡、探測器掌握的宇宙面貌
── Space Gallery ──

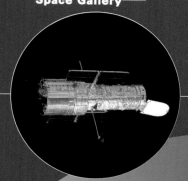

■太陽系行星情報

■宇宙開發年表

■世界的火箭

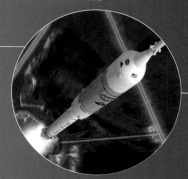

■關於國際太空站

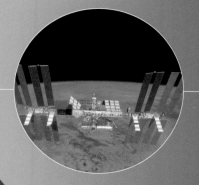

■世界的巨型望遠鏡

太空望遠鏡、探測器掌握的宇宙面貌
Space Gallery

為您介紹行星探測器、人造衛星、宇宙望遠鏡等各式各樣的鏡頭捕捉到的「現在的宇宙」。

◎ **太陽系**

〈維多利亞隕石坑〉
火星勘測軌道衛星（Mars Reconnaissance Orbiter, MRO）拍攝到的維多利亞隕石坑（Victoria Crater）。直徑約800公尺。

〈福波斯〉
火星的衛星福波斯（火衛一）。直徑26公里，表面充滿隕石的撞擊坑。

〈木星的極光〉
在木星南北兩極發亮的極光。因為衛星埃歐的火山噴出的離子集中在兩極，並與星風碰撞後產生。

〈土星環〉
卡西尼探測器拍攝到的土星環結構。因為土星眾多衛星引力的關係，造成上千條縫隙。

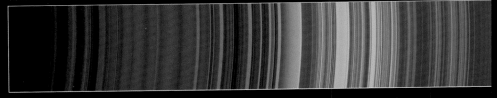

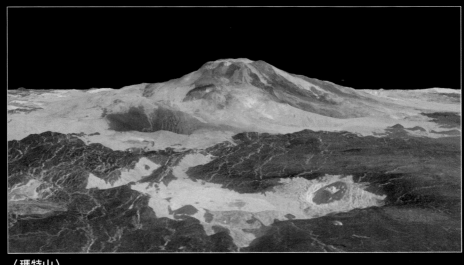

〈瑪特山〉
金星上最高的火山瑪特山（Maat Mons）。根據麥哲倫號金星探測器
（Magellan probe）的觀測資料3D化後的模樣。標高約8000公尺。

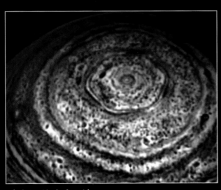

〈土星的六角形〉
位在土星北極的神祕六角形。直徑約地球的2倍
以上。沿著六角形有每秒100公尺的噴流吹過。

〈崔頓〉
海王星最大的衛星崔頓（Triton）。大小約月球
的4分之3，也擁有相當稀薄的大氣。表面溫度在
－200℃以下。

◎ 恆星

〈五重星團〉
位在銀河系中心的五重星團（Quintuplet Star Cluster或稱五胞胎星團）。包含5顆擁有特殊光譜的沃夫‧瑞葉星（Wolf-Rayet stars，簡稱WR星），不過它們各自又有聯星，所以也可能是十重星團。

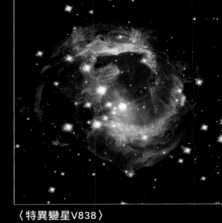

〈特異變星V838〉
麒麟座的特異變星V838。突然爆發噴出的塵埃層製造出美麗的球殼。

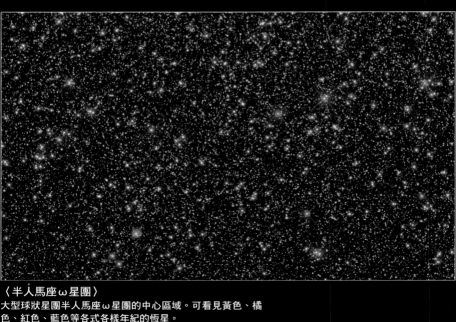

〈半人馬座ω星團〉
大型球狀星團半人馬座ω星團的中心區域。可看見黃色、橘色、紅色、藍色等各式各樣年紀的恆星。

〈昴星團〉

疏散星團M45，一般也用日本名字「Subaru」稱呼它。1億年前誕生，屬於相當年輕的星團，也經常可用肉眼看見。

◉ 星雲

〈發射星雲M16〉
聳立在也稱作老鷹星雲的發射星雲（Emission
Nebulae）M16核心區域的「創生之柱」。也有說
此雲柱本身已經分解。

〈行星狀星雲NGC6302〉
也稱蝴蝶星雲的行星狀星雲
NGC6302。位在巨大蝴蝶翅膀中央
的中心星表面溫度達20萬℃。

〈回力棒星雲〉
距離地球5000光年的回力棒星雲
（Boomerang Nebula）。取這個名
字是因為發現當時是彎曲的形狀。
是全宇宙最低溫－272℃的天體。

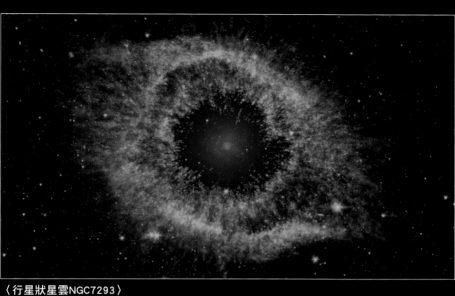

〈行星狀星雲NGC7293〉
稱為螺旋星雲的NGC7293。核心區域有無數繞行恆星的彗星們
碰撞產生的塵埃圓盤。

〈發射星雲M17〉
也稱作Ω星雲的發射星雲M17。亦屬銀河系之中星星形成最活
躍的區域。

◉ 超新星

〈仙后座A〉
1680年左右發生爆炸的仙后座A。是顆超過太陽質量10倍的紅超巨星。

〈SN2004dj〉
板垣公一發現的超新星SN2004dj（右上）與鹿豹座星系NGC2403。原本的恆星質量是太陽的15倍，壽命相當短，只有1400萬年。

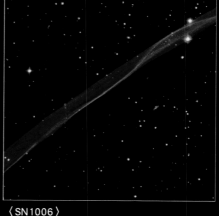

〈SN1006〉
1006年觀測到的記錄上最明亮的超新星SN1006的緞帶狀殘骸。

〈N49〉
煙火般燦爛美麗的
超新星N49。位在中
央的中子星，磁場
大約地球的1000兆
倍，磁場相當強
烈。

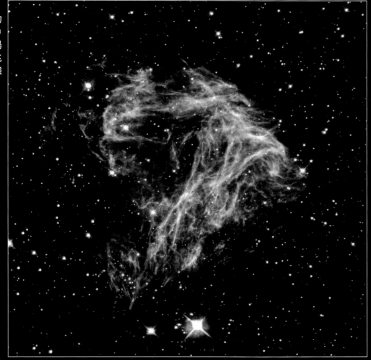

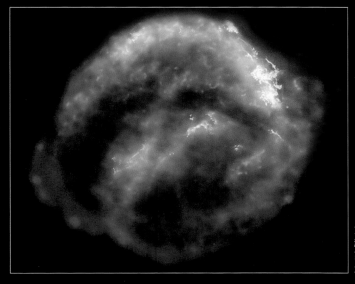

〈SN1604〉
克卜勒在1604年發現的
超新星SN1604的殘骸。
高速擴張的球殼構造含有
大量的鐵。

169

〈極環星系〉（Polar Ring Galaxy）
擁有極環構造的星系NGC4650A。中心的橢圓星
系與小星系碰撞後變成這個形狀。

〈史帝芬五重星系〉
被稱作史帝芬五重星系（Stephan's Quintet）的星
系群。只是看起來是五重星，左上角的藍色螺旋
星系與橘色的4個星系距離完全不同。

〈螺旋星系〉
后髮座星系團的螺旋星系NGC4921。星際介質貧
瘠，可透過星系看見背後遠方的其他星系。

〈草帽星系〉
塵埃形成的環帶，使它看來像是墨西哥人的草帽，
因此稱M104為草帽星系（Sombrero Galaxy）。這是
紅外線攝影與可見光影像重疊出的照片。

〈雙星系〉
獅子座雙星系Arp87（NGC3808和NGC3808A）。由塵埃和氣體形成的橋樑連結在一塊兒。

171

太陽系行星情報

我們地球所在的太陽系裡有八顆行星，
但直徑、公轉週期、大氣狀態相差甚遠。

行星名稱	水星	金星
行星外觀		
直徑（公里）	4879 （地球的0.38倍）	12104 （地球的0.95倍）
質量（公斤）	3.303×10^{23} （地球的0.06倍）	4.869×10^{24} （地球的0.81倍）
與太陽的平均距離 （公里）	5791萬	1億820萬
公轉週期（日）	88	225
自轉週期（日）	59	243
軌道傾斜角度（度）	7	3.4
自轉軸斜度（度）	0	177
軌道離心率	0.2	0.006
引力（m/s²）	3.7 （地球的0.38倍）	8.87 （地球的0.91倍）
平均密度（g/cm³）	5.43 （地球的0.98倍）	5.25 （地球的0.95倍）
平均表面溫度（℃）	167	464
大氣主要成分	幾乎沒有	二氧化碳96%
衛星數量	0	0

行星名稱	地球	火星
行星外觀		
直徑（公里）	12756	6792 （地球的0.53倍）
質量（公斤）	5.976×10^{24}	6.421×10^{23} （地球的0.81倍）
與太陽的平均距離 （公里）	1億4960萬	2億2794萬
公轉週期（日）	365	687
自轉週期（日）	0.99	1.03
軌道傾斜角度（度）	0.001	1.85
自轉軸斜度（度）	23.4	25.2
軌道離心率	0.016	0.09
引力（m/s^2）	9.78	3.72 （地球的0.38倍）
平均密度（g/cm^3）	5.52	3.94 （地球的0.71倍）
平均表面溫度（℃）	15	-63
大氣主要成分	氮氣77%、氧氣21%	二氧化碳95%
衛星數量	1	2

行星名稱	木星	土星
行星外觀		
直徑（公里）	142984 （地球的11.2倍）	120536 （地球的9.45倍）
質量（公斤）	1.90×10^{27} （地球的318倍）	5.688×10^{26} （地球的95.2倍）
與太陽的平均距離 （公里）	7億7833萬	14億2940萬
公轉週期（日）	4331	10747 （29.4年）
自轉週期（日）	0.41 （9小時54分）	0.45 （10小時42分）
軌道傾斜角度（度）	1.3	2.49
自轉軸斜度（度）	3.13	26.7
軌道離心率	0.048	0.056
引力（m/s²）	24.79 （地球的2.53倍）	10.44 （地球的1.07倍）
平均密度（g/cm³）	1.33 （地球的0.24倍）	0.69 （地球的0.13倍）
平均表面溫度（℃）	-110	-140
大氣主要成分	氫氣90%、氦氣10%	氫氣97%、氦氣3%
衛星數量	63	61

行星名稱	天王星	海王星
行星外觀		
直徑（公里）	51118 （地球的4.01倍）	49528 （地球的3.88倍）
質量（公斤）	8.686×10^{25} （地球的14.5倍）	1.024×10^{26} （地球的17.1倍）
與太陽的平均距離 （公里）	28億7099萬	45億430萬
公轉週期（日）	30589 （83.8年）	59800 （163.8年）
自轉週期（日）	0.72 （17小時17分）	0.67 （16小時5分）
軌道傾斜角度（度）	0.77	1.77
自轉軸斜度（度）	97.9	28.3
軌道離心率	0.046	0.009
引力（m/s^2）	8.87 （地球的0.91倍）	11.15 （地球的1.14倍）
平均密度（g/cm^3）	1.29 （地球的0.23倍）	1.64 （地球的0.29倍）
平均表面溫度（℃）	-193	-200
大氣主要成分	氫氣83%、氦氣15%	氫氣85%、氦氣13%
衛星數量	27	13

宇宙開發年表

年月日	事件	太空船・衛星名	國家或單位
1957年10月4日	人類第一顆人造衛星	史波尼克1號	USSR
1957年11月3日	動物(狗)首次搭乘人造衛星	史波尼克2號	USSR
1958年1月31日	首度在宇宙進行科學觀測(范艾倫輻射帶的宇宙射線觀測)	探險者1號	ABMA
1959年1月2日	首次脫離地球引力	月球1號	USSR
1959年8月7日	首次從衛星拍攝地球	探險者6號	NASA
1959年9月13日	首次硬著陸其他天體(月球)	月球2號	USSR
1959年10月4日	首次拍攝到月球後側	月球3號	USSR
1960年8月11日	首次從衛星軌道上返航	探險家13號(Discoverer 13)	USAF
1960年8月19日	動物(兩隻狗和老鼠)首次從宇宙生還歸來	史波尼克5號	USSR
1961年2月12日	首次掠過其他行星(金星)	金星1號	USSR
1961年4月12日	尤里・加加林是第一位進行太空航行的太空人	東方1號	USSR
1962年9月29日	美蘇之外,首次的衛星升空	雲雀1號(Alouette 1)	CSA
1963年6月16日	瓦蓮京娜・捷列什科娃是首位參與太空任務的女性太空人	東方6號	USSR
1964年10月12日	首次複數(3名)太空人太空航行	上升1號(Voskhod 1)	USSR
1965年3月18日	首次艙外活動	上升2號	USSR
1965年7月14日	首次掠過火星	水手4號	NASA
1965年12月15日	首次編隊飛行	雙子星6-A號／雙子星7號	NASA
1966年2月3日	首次軟著陸其他天體(月球)	月球9號	USSR
1966年3月1日	首次硬著陸其他行星(金星)	金星3號	USSR
1966年3月16日	首次在軌道上對接	雙子星8號／阿吉納目標飛行器(Agena target vehicle)	NASA
1966年4月3日	首次繞行其他天體(月球)	月球10號	USSR
1967年10月30日	首次進行無人會合、對接	宇宙186號／宇宙188號	USSR
1968年12月21日	首次在其他天體(月球)進行載人環繞飛行	阿波羅8號	NASA
1969年1月16日	首次載人在外太空對接	聯盟4號／聯盟5號	USSR
1969年7月21日	人類首次登陸月球及月球漫步	阿波羅11號	NASA
1970年2月11日	日本第一顆人造衛星	大隅號	東大宇宙研
1970年4月13日	第一次在地球繞行軌道之外的地方發生事故	阿波羅13號	NASA
1970年9月24日	第一次由月球自動返航	月球16號	USSR
1970年11月23日	第一台月球車	月球車1號	USSR
1970年12月12日	第一座X射線太空望遠鏡	烏呼魯衛星(Uhuru)	NASA
1970年12月15日	首次軟著陸其他行星(金星)	金星7號	USSR
1971年4月23日	第一座太空站	沙留特1號(或禮炮1號)	USSR
1971年11月14日	首次加入行星(火星)的繞行軌道	水手9號	NASA
1971年11月27日	首次硬著陸火星	火星2號	USSR
1971年12月2日	首次軟著陸火星	火星3號	USSR
1972年7月15日	首次到達小行星帶	先鋒10號	NASA

年月日	事件	太空船‧衛星名	國家或單位
1973年12月3日	首次掠過木星	先鋒10號	NASA
1974年3月29日	首次掠過水星	水手10號	NASA
1975年10月22日	首次拍攝其他行星（金星）的地表	金星9號	USSR
1976年7月20日	首次拍攝火星地表照片	維京1號	NASA
1979年9月1日	首次掠過土星	先鋒11號	NASA
1981年4月12日	太空梭首次升空	STS-1（哥倫比亞號）	NASA
1982年3月1日	首次採集金星岩石	金星13號	USSR
1983年1月25日	世界第一個紅外線觀測專用衛星	IRAS	NASA、SERC、NIVR
1984年7月25日	薩維茨卡婭（Svetlana Savitskaya）是第一位進行艙外活動的女性太空人	沙留特7號（或禮炮7號）	USSR
1985年1月8日	日本第一顆人造行星	先驅者號（Sakigake）	ISAS
1986年1月24日	首次掠過天王星	航海家2號	NASA
1986年1月28日	挑戰者號爆炸意外	STS-51-L（挑戰者）	NASA
1986年2月19日	首度長期停留在太空站	和平號太空站	USSR
1989年8月25日	首次掠過海王星	航海家2號	NASA
1990年4月24日	光學觀測太空望遠鏡升空	哈柏太空望遠鏡	NASA、ESA
1990年12月2日	秋山豐寬是第一位太空飛行的日本人	聯盟TM-11	USSR
1991年10月21日	首次掠過小行星951	伽利略號	NASA
1992年9月12日	毛利衛是第一位搭乘太空梭的日本人	STS-47（奮進號）	NASA、NASDA
1994年7月8日	向井千秋是第一位參與太空飛行的日本女性	STS-65（哥倫比亞號）	NASA、NASDA
1995年12月7日	首次環繞木星飛行	伽利略號	NASA
1997年7月4日	第一台火星探測車	逗留者號（Sojourner）	NASA
1998年12月4日	開始組裝國際太空站（ISS）	STS-88（奮進號）	RFSA、NASA
2001年2月12日	第一次著陸小行星（433愛神星）	NEAR會合－舒梅克號	NASA
2001年4月28日	丹尼斯‧蒂托的首次太空旅行	聯盟TM-32	RFSA
2003年2月1日	哥倫比亞號在半空中分解意外	STS-107（哥倫比亞號）	NASA
2003年10月15日	中國首次載人太空飛行	神舟5號	CNSA
2004年6月21日	首次民間太空飛行	太空船一號15P	MAV
2004年7月1日	首次環繞土星飛行	卡西尼號	NASA、ESA、ASI
2005年2月14日	首次軟著陸泰坦星	惠更斯號	NASA、ESA、ASI
2005年11月20日	登陸小行星（系川）並採取樣本	隼鳥號	JAXA
2006年1月19日	冥王星探測器升空	新視野號	NASA
2007年9月14日	日本的繞月衛星升空	月亮女神號（輝夜姬號）	JAXA
2008年11月14日	印度第一個月球探測器登陸月面	月船1號	ISRO
2009年3月6日	太陽系外行星探測器升空	克卜勒號	NASA
2009年7月19日	ISS的日本實驗艙組希望號完成	STS-127（奮進號）	NASA、JAXA

（簡寫）USSR：蘇聯。ABMA：美國陸軍彈道飛彈署。NASA：美國航太總署。USAF：美國空軍。CSA：加拿大太空局。東大宇宙研：東京大學宇宙航空研究所。SERC：科學工程研究委員會。NIVR：荷蘭航太計畫局。CNES：法國國家太空研究中心。SAS：宇宙科學研究所。ESA：歐洲太空總署。NASDA：宇宙開發事業團。RFSA：俄羅斯聯邦太空總署。CNSA：中國國家航天局。MAV：莫哈韋航太探險（Mojave Aerospace Ventures）。ASI：義大利太空局。JAXA：宇宙航空研究開發機構。ISRO：印度

世界的火箭

世界各國為了將太空船和人造衛星送上太空，而開發了各種火箭。
這裡介紹幾種主要的火箭。

●三角洲四號運載火箭
（Delta IV）
運送美國人造衛星上太空專用的
中型火箭。全長63公尺，重量
250公噸。照片上是正把氣象衛
星GOES13送上太空。

●擎天神五號運載火箭
Atlas V）
國的大型運載火箭。全長58公
，重量333公噸。照片上是送
星勘測軌道衛星（MRO）上太
。

●亞利安五號運載火箭
（Ariane 5）
ESA（歐洲太空總署）的人造衛
星專用火箭。全長54公尺，重量
７４６公噸。照片是正在運送
INSAT-3E等。

●質子K運載火箭
（Proton-K）
俄羅斯專門用來載運人造衛星的火箭。全長57公尺，重量692公噸。照片上是正要把國際太空站的星辰號服務艙艙組送上太空。

●聯合U型運載火箭
（Soyuz-U）
俄羅斯專門用來載運聯合號太空船的火箭。全長49公尺，重量310公噸。照片上是正要將太空人野口聰一等人搭乘的聯合號TMA-17送上太空。

●H-IIA運載火箭
日本專門用來運送人造衛星的火箭。全長53公尺，重量285公噸。照片上是正把溫室效應氣體觀測技術衛星「息吹號」（GOSAT）等送上太空。

關於國際太空站

國際太空站（ISS）是繞行地球同時觀測宇宙，並在宇宙環境中進行研究與實驗的設施。由世界15個國家共同建設，預定在2011年完成。

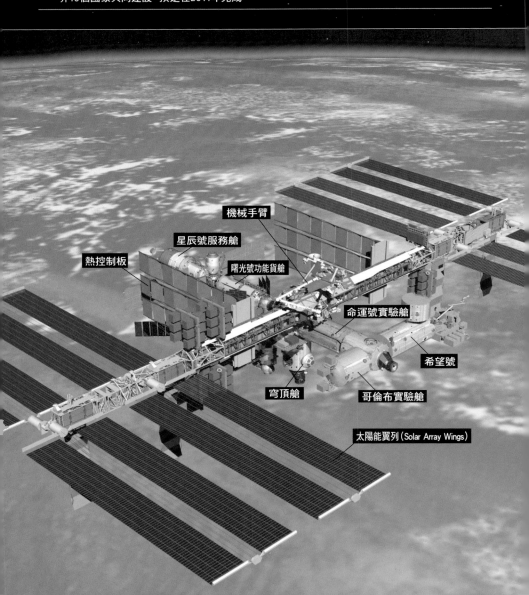

機械手臂

星辰號服務艙

曙光號功能貨艙

熱控制板

命運號實驗艙

希望號

穹頂艙

哥倫布實驗艙

太陽能翼列（Solar Array Wings）

●日本實驗艙（Japanese Experiment Module, JEM）希望號
日本宇宙航空研究開發機構（JAXA）擁有的實驗室艙組。可利用X射線進行宇宙觀測，或進行植物、細胞栽培實驗等。

●哥倫布實驗艙（Columbus module）
ESA（歐洲太空總署）的實驗室艙組。關於太空飛行對人體產生的影響、微少引力下流體的動態現象等實驗均可在此進行。

●穹頂艙（Cupola）
ESA建造的觀測用艙組。除了直接觀測地球外，也可監看機械手臂的作業。

●星辰號服務艙（Zvezda）
與曙光號功能貨艙（Zarya）
曙光號（左）負責擔任燃料槽與儲藏室的角色，星辰號（右）是俄羅斯開發的居住區艙組，寢室、廁所、運動器材、廚房設備等，是太空生活的地方。

●命運號實驗艙（Destiny）
NASA的實驗室艙組。除了各項實驗之外，還備了控制ISS的環境、電力及通訊等功能。

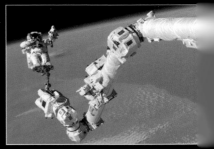

●機械手臂（Robot Arm）
加拿大開發的機械手臂。可協助組裝ISS或大空人在船外的活動。

世界的巨型望遠鏡

反射望遠鏡設置在大氣影響較少的高地上，
電波望遠鏡設置在電波雜訊較少的地區。

◎ 反射望遠鏡

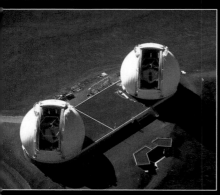

●凱克天文台（W. M. Keck Observatory）

凱克望遠鏡設置在夏威夷毛納基山頂，2座主鏡口
徑各10公尺，還可將2座望遠鏡連線當作干涉儀使
用。

●昴星團望遠鏡（Subaru Telescope）

緊鄰凱克天文台，是隸屬日本國立天文台的大型望
遠鏡。擁有圓柱型的圓頂，主鏡配備世界最大的
8.2公尺口徑單鏡片。

●大雙筒望遠鏡
（Large Binocular Telescope, LBT）

設置在美國亞利桑那州的格拉漢姆山，是世
界最高性能的大型望遠鏡。2座主鏡合成的焦

●南非大望遠鏡
（South African Large Telescope, SALT）

位在南非共和國境內口徑約10公尺的望遠鏡。配
備由91枚球面鏡片構成的六角形主鏡。

◉ 電波望遠鏡（無線電望遠鏡）

●南極望遠鏡
（South Pole Telescope, SPT）
2007年在南極點設置的口徑10公尺電波望遠鏡。
用在測試宇宙微波背景輻射。

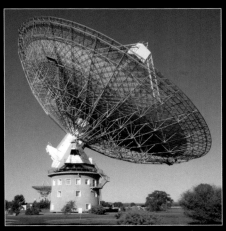

●帕可斯天文台
（Parkes Observatory）
位在澳洲的口徑64公尺電波望遠鏡。因為接收到
阿波羅11號拍攝的登陸月球影像而聞名。

●特大天線陣
（Very Large Array, VLA）
位在美國新墨西哥州的干涉儀電波望遠鏡陣列。
由27座直徑25公尺的天線組成。

●阿塔卡瑪大型毫米及次毫米波陣列
（Atacama Large Millimeter Array, ALMA）
屬於國際合作計畫，目前在智利阿塔卡瑪沙漠建
設中。由80座天線組合成的直徑18公里巨型電波
望遠鏡。（審訂註：中央研究院天文及天文物理
研究所也參與合作計劃，並與中山科學院航空發
展研究所，共同營運"ALMA計劃東亞接收機前段
整合測試中心"。）

索 引

189

190

國家圖書館出版品預行編目資料

一看就懂！宇宙的奧秘／高柳雄一監修；黃薇嬪
譯 .-- 初版 .-- 臺北市：臺灣東販, 2010.12
　　面；　　公分

ISBN 978-986-251-341-5（平裝）

1.宇宙　2.通俗作品

323.9　　　　　　　　　　　　　　　　99021404

監修／高柳 雄一

多摩六都科學館館長。東京大學理學院物理系畢業，東京大學研
究所理學研究科碩士課程修畢。1966年進入日本放送協會
（NHK），除了演出《太陽與人類》系列等之外，也以NHK特別節
目部製作人身份，參與《銀河宇宙奧德賽》等系列的製作。其後
擔任高能加速器研究機構教授、電氣通信大學教授等，2004年
起擔任現職。著作有《創造的種子》（NTT出版）、《登陸火星》
（NHK出版）、《天體獵人》（Benesse Corporation）等等。

【日文版工作人員】
封面設計／永井秀之
內文設計／加藤康昭（ミルリーフ）
編輯協力／山村紳一郎
校對／東京出版サービスセンター
編輯．製作／主婦之友インフォス情報社（広島順二）

UCHU NO SHIKUMI
© SHUFUNOTOMO CO., LTD. 2010
Originally published in Japan in 2010 by SHUFUNOTOMO CO., LTD.
Chinese translation rights arranged through TOHAN CORPORATION, TOKYO.

一看就懂！宇宙的奧秘

2010年 12月 1 日　　初版第一刷發行
2011年 2 月16日　　初版第四刷發行

監　　修　　高柳雄一
譯　　者　　黃薇嬪
審　　訂　　曾耀寰
編　　輯　　劉泓葳
美　　編　　吳金樺
發行人　　加藤正樹
發行所　　台灣東販股份有限公司
　　　　　　＜地址＞台北市南京東路4段130號2F-1
　　　　　　＜電話＞(02)2577-8878
　　　　　　＜傳真＞(02)2577-8896
　　　　　　＜網址＞http://www.tohan.com.tw
郵撥帳號　　1405049-4
新聞局登記字號　　局版臺業字第4680號
法律顧問　　蕭雄淋律師
總經銷　　　聯合發行股份有限公司
　　　　　　＜電話＞(02)2917-8022
香港總代理　　萬里機構出版有限公司
　　　　　　＜電話＞2564-7511
　　　　　　＜傳真＞2565-5539

封面影像出處 頁碼 影像名稱 [提供者/引用出處]
封面　161·135 太陽系 [NASA/JPL-Caltech]、哈柏太
空望遠鏡 [NASA/ESA]、航海家2號 [NASA/JPL]
封底　135 水手號2號 [NASA/JPL]
折口　161 哈柏太空望遠鏡 [NASA/ESA]、太陽系
[NASA/JPL-Caltech]、阿波羅11號 [NASA]、戰神一號運
載火箭 [NASA/MSFC]、國際太空站 [NASA/Crew of STS-
129]、VLA [NRAO/AUI]

TOHAN